essentials

*essentials* liefern aktuelles Wissen in konzentrierter Form. Die Essenz dessen, worauf es als „State-of-the-Art" in der gegenwärtigen Fachdiskussion oder in der Praxis ankommt. *essentials* informieren schnell, unkompliziert und verständlich

- als Einführung in ein aktuelles Thema aus Ihrem Fachgebiet
- als Einstieg in ein für Sie noch unbekanntes Themenfeld
- als Einblick, um zum Thema mitreden zu können

Die Bücher in elektronischer und gedruckter Form bringen das Expertenwissen von Springer-Fachautoren kompakt zur Darstellung. Sie sind besonders für die Nutzung als eBook auf Tablet-PCs, eBook-Readern und Smartphones geeignet. *essentials:* Wissensbausteine aus den Wirtschafts-, Sozial- und Geisteswissenschaften, aus Technik und Naturwissenschaften sowie aus Medizin, Psychologie und Gesundheitsberufen. Von renommierten Autoren aller Springer-Verlagsmarken.

Weitere Bände in der Reihe http://www.springer.com/series/13088

Claus Grupen

# Neutrinos, Dunkle Materie und Co.

## Von der Entdeckung der kosmischen Strahlung zu den neuesten Ergebnissen der Astroteilchenphysik

Claus Grupen
Department Physik, Universität Siegen
Siegen, Deutschland

ISSN 2197-6708 ISSN 2197-6716 (electronic)
essentials
ISBN 978-3-658-24825-3 ISBN 978-3-658-24826-0 (eBook)
https://doi.org/10.1007/978-3-658-24826-0

Die Deutsche Nationalbibliothek verzeichnet diese Publikation in der Deutschen Nationalbibliografie; detaillierte bibliografische Daten sind im Internet über http://dnb.d-nb.de abrufbar.

Springer Spektrum


Springer Spektrum ist ein Imprint der eingetragenen Gesellschaft Springer Fachmedien Wiesbaden GmbH und ist ein Teil von Springer Nature
Die Anschrift der Gesellschaft ist: Abraham-Lincoln-Str. 46, 65189 Wiesbaden, Germany

# Was Sie in diesem *essential* finden können

Die Geburtsstunde der Astroteilchenphysik ist die historische Ballonfahrt von Victor Hess im Jahr 1912. Er entdeckte die kosmische Strahlung mit einer Ionisationskammer. Diese kosmische Strahlung wurde in vielen Facetten am Erdboden, unter der Erde und in der Atmosphäre untersucht. Man stellte schnell fest, dass die kosmische Strahlung eine Möglichkeit war, Elementarteilchenprozesse zu untersuchen. Um die ganze Vielfalt der Phänomene in der kosmischen Strahlung zu verstehen, musste man viele Teilbereiche der Physik mit einbeziehen: Thermodynamik, Kernphysik, Plasmaphysik, stellare Physik, Astronomie und Elementarteilchenprozesse, um nur einige zu nennen. Astroteilchenphysik ist also in jeder Hinsicht multidisziplinär. Heute ist die Astroteilchenphysik ein aktives, interdisziplinäres Forschungsgebiet, das Astronomie, kosmische Strahlung und Elementarteilchenphysik umfasst und vereinigt. Sie finden in diesem *essential* einen kurzen historischen Abriss der Astroteilchenphysik und eine Beschreibung der neuesten Resultate, ohne ins mathematische Detail zu gehen. Dieses *essential* ist als Einstieg in dieses neue Forschungsgebiet zu verstehen. Man erhält aber einen Überblick darüber, was sich am Himmel, zwischen den Sternen und zwischen den Galaxien abspielt. Es ist inzwischen schon vieles recht gut verstanden, aber mit jeder gefundenen Lösung tun sich auch neue Fragen auf. Dieses Fragenspektrum mit einigen Antworten finden Sie in diesem *essential*. Eine sehr ausführliche Darstellung der Astroteilchenphysik, einschließlich der mathematischen Beschreibung der Zusammenhänge, insbesondere in der Kosmologie, finden Sie im 2018 bei Springer erschienenen Buch ‚Einstieg in die Astroteilchenphysik' von C. Grupen.

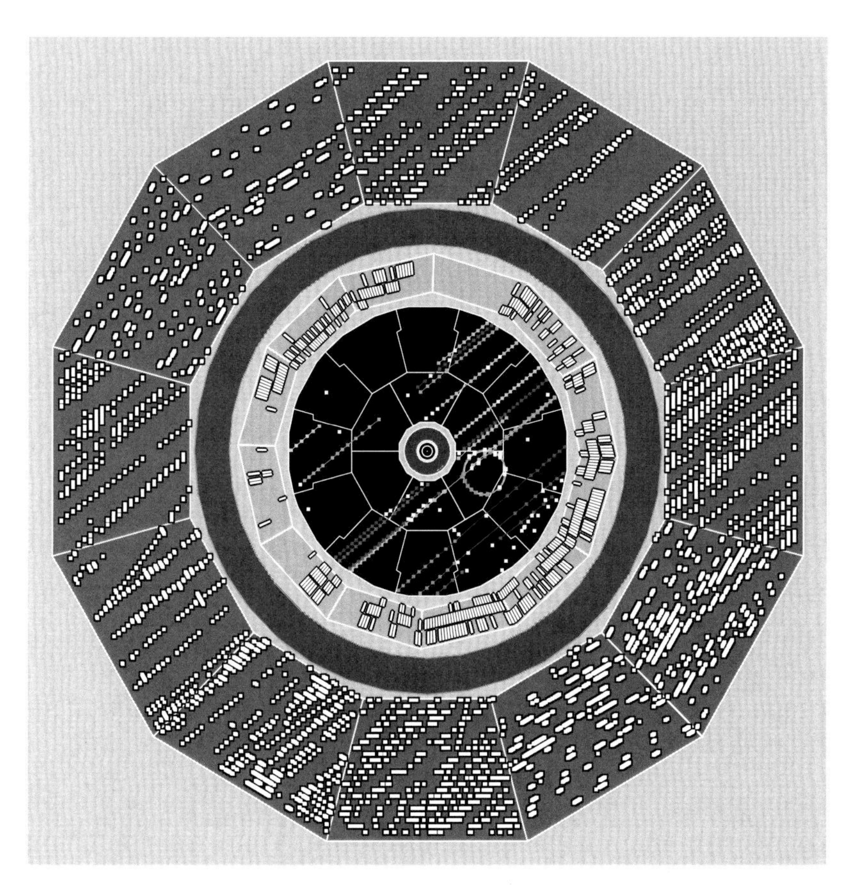

Myonenschauer im ALEPH-Experiment in 125 m Tiefe unter der Erde. (**Bildnachweis:** ALEPH-Experiment, https://home.cern/about/experiments/aleph, zugegriffen am 12.09.2018. *ALEPH experiment goes cosmic,* https://cerncourier.com/1999/09/26/ und https://cerncourier.com/aleph-experiments-go-cosmic/, zugegriffen am 12.09.2018. Avati, V. et al. (2003) Astropart. Phys. **19,** Sn 513–523, *Cosmic multi-muon events observed in the underground CERN-LEP tunnel with the ALEPH experiment*; *ALEPH experiment goes cosmic*, https://www.hep.physik.uni-siegen.de/~grupen/, zugegriffen am 01.09.2018)

# Vorwort

> Was auch immer die endgültigen Gesetze der Natur sein mögen, es gibt keinen Grund anzunehmen, dass sie entworfen wurden, um Physiker glücklich zu machen (Steven Weinberg).

Kosmische Strahlung fällt schon seit der Bildung der Planeten auf die Erde ein. Die Beobachtung von Polarlichtern durch Gassendi 1621 und Halley 1716 als Aurora Borealis (‚nördliche Morgendämmerung') führte Mairan 1733 zur Vermutung, dass diese Erscheinung extraterrestrischen Ursprungs ist. Die Polarlichter werden durch von der Sonne kommende Elektronen erzeugt, die entlang magnetischer Feldlinien auf schraubenförmigen Bahnen in die Polgebiete einfallen.

Kant vermutete korrekterweise 1775, dass die am Himmel beobachteten ‚Nebel' als Anhäufung von einzelnen Sternen zu Galaxien zu interpretieren seien.

Anfang des zwanzigsten Jahrhunderts führten Messungen der gerade entdeckten Radioaktivität zu der Annahme, dass nicht alle Phänomene ionisierender Strahlung terrestrischen Ursprungs seien. Den Nachweis von Strahlung aus dem Weltraum erbrachte Victor Hess mit seinem historischen Ballonflug bis in Höhen von über 5000 m. Die so entdeckte ‚Höhenstrahlung' stellte sich als Fundgrube für neu zu entdeckende Elementarteilchen heraus: Antiteilchen (Positronen), Myonen, Pionen und Kaonen wurden in Höhenstrahlungsexperimenten gefunden. Durch die aufkommenden Beschleuniger und Speicherringe wurde der Teilchenzoo stark erweitert, bis das Quarkmodell eine überfällige Ordnung schaffte.

Durch die Untersuchung hochenergetischer und seltener Prozesse feierte die kosmische Strahlung – nun mit dem neuen Namen Astroteilchenphysik – eine Renaissance. Die Messung solarer Neutrinos und Neutrino-Oszillationen, die Entdeckung von Gravitationswellen und die gleichzeitige Messung von kosmischen Katastrophen durch elektromagnetische Strahlung, Partikelstrahlung und Gravitationswellen (‚Multi-Messenger-Astronomie') lieferte neue Erkenntnisse über das Universum. Trotzdem gibt es noch viele unbeantwortete Fragen: Wo versteckt sich die Dunkle Materie? Ist die Dunkle Energie eine Eigenschaft des Raumes? Leben wir in einem höherdimensionalen Raum? Und schließlich: Ist unser Universum in ein Multiversum eingebettet?

Siegen
Oktober 2018

# Danksagung

Ich bedanke mich bei Dr. Tilo Stroh für eine sorgfältige Durchsicht des Manuskripts und besonders für die prompte und effektive Unterstützung bei den auftretenden LaTeX-Problemen, die er immer professionell und schnell lösen konnte.

# Inhaltsverzeichnis

# 1 Historische Einführung in die Astroteilchenphysik

## 1.1 Einleitung

> Kennst Du die Gesetze des Himmels oder bestimmst Du seine Herrschaft über die Erde? (Buch Hiob 38:33).

Der Sinn eines *essentials* ist – wie es das Wort schon sagt – das Wesentliche der Astroteilchenphysik zusammenzufassen. Natürlich kann es nicht den vollen Umfang eines Buches zu diesem Thema ersetzen. Im Gegenteil, es soll Appetit machen, auch eine umfangreichere Darstellung zu diesem Aufgabengebiet zu lesen.

Da das Gebiet der Astroteilchenphysik besonders in der letzten Zeit einem raschen Wandel unterworfen ist, halte ich es für sinnvoll, eine Stoffauswahl vorzustellen, die die besonders aktuellen Ergebnisse und offenen Fragen betrifft. Ich werde also gerne auf technische Details und mathematische Herleitungen verzichten. Zwar sind die Methoden der relativistischen Mechanik und der Elementarteilchenphysik für die Astroteilchenphysik sehr wichtig, aber die globalen Zusammenhänge lassen sich auch ohne viel Mathematik darstellen. Auch scheinen mir die komplizierten Sachverhalte der Kosmologie und Kosmogonie für eine detaillierte Beschreibung im Rahmen eines *essentials* nicht wirklich angemessen. Die wichtigen Ergebnisse der Kosmologen und offene Fragen lassen sich aber dennoch klar darstellen.

Die Auswahl von Schwerpunkten ist natürlich eine subjektive Angelegenheit. Besonders bei den hohen Energien hat sich sehr viel in den letzten Jahren bewegt. Das liegt auch daran, dass z. T. die Teilchenphysik, mit ihren aufwendigen Detektoren und Techniken, die Konzeption von Experimenten der Astroteilchenphysik stark beeinflusst hat. Auch haben viele Teilchenphysiker Geschmack an den physikalischen Zielen der Astroteilchenphysik gefunden und haben ihr Forschungsgebiet



C. Grupen, *Neutrinos, Dunkle Materie und Co.*, essentials,
https://doi.org/10.1007/978-3-658-24826-0_1

gewechselt. Natürlich sind auch die Experimente in diesem neuen Gebiet nicht nur aufwendiger, sondern auch teurer geworden. Satelliten im Orbit, Experimente auf der Internationalen Raumstation (ISS), am Südpol im antarktischen Eis oder gigantische Michelson-Interferometer zur Messung von Gravitationswellen können nur in großen Kollaborationen mit entsprechender finanzieller Ausstattung verwirklicht werden. Neben den wichtigen Aspekten der historisch gewachsenen Aktivitäten in der kosmischen Strahlung sollen deshalb Experimente zur Neutrinophysik, zur Messung von Gravitationswellen, zur Suche nach Antimaterie und zur Suche nach Evidenz von Dunkler Materie im Vordergrund stehen.

Nach den täglich neuen Entdeckungen von extraterrestrischen Planeten, die schon jetzt die 4000 Exemplare überschritten haben, ist auch die Frage interessant, ob astrophysikalische Fragestellungen allein von Erdbewohnern verfolgt werden. Nach der Entdeckung und erfolgreichen Wiederbelebung von 250 Mio. Jahre alten Bakterien in Salzkristallen oder Fadenwürmern, die seit der letzten Eiszeit in Permafrostgebieten keine Mahlzeit mehr eingenommen haben, ist es wahrscheinlich, dass Leben überall dort entsteht, wo die Lebensbedingungen angemessen sind. Wer weiß, vielleicht ist die Astroteilchenphysik auch für Extraterrestriker interessant.

## 1.2 Das letzte Jahrhundert

Der Anfang aller Dinge ist ein kosmisches Paradoxon, ein Paradoxon ohne Schlüssel zum Verständnis seiner Bedeutung (Sri Aurobindo).

Die Astroteilchenphysik wurde mit der Entdeckung der kosmischen Strahlung durch Victor Hess mit seinem spektakulären Ballonflug im Jahre 1912 geboren. Nach der Entdeckung der Radioaktivität durch Henri Becquerel und den neuen von Wilhelm Conrad Röntgen beobachteten durchdringenden Strahlen war man zunächst davon ausgegangen, dass die Phänomene, die dazu führten, dass sich Elektroskope im Labor quasi von allein entluden, terrestrischen Ursprungs sein müssten. Victor Hess fand zwar am Erdboden und in niedrigen Höhen terrestrische Reststrahlung, aber oberhalb von 1000 m tauchte eine Strahlung auf, die ganz neu und überraschend war. Damit entdeckte er die ‚Höhenstrahlung' oder kosmische Strahlung, die nun ein Teil des Gebietes der Astroteilchenphysik ist. Seine Leistung ist umso höher zu bewerten, weil er an der Höhenkrankheit litt, die ihm die Messungen in Höhen bis über 5000 m deutlich erschwerte (Abb. 1.1).

Es gab allerdings schon Hinweise aus früheren Zeiten, dass am Himmel neue Phänomene abliefen, denn Erscheinungen wie die farbenprächtigen Polarlichter konnten bestimmt nicht terrestrischen Ursprungs sein.

**Abb. 1.1** Victor Hess bei einem Ballonaufstieg zur Messung der Höhenstrahlung. (Bildnachweis: D. Kuhn, Universität Innsbruck: private Mitteilung)

Nun wusste man, dass es diese aus dem All kommende Strahlung gab, aber es war vollkommen unklar, woraus diese Strahlung bestand. Lange wurde durchdringende Gammastrahlung als Auslöser vermutet, aber die Quellen dieser Strahlung waren vollkommen unklar, und was die ganz hohen Energien betrifft, so rätselt man auch heute noch über die Details des Ursprungs der hochenergetischen kosmischen Strahlung.

Die von Hess entdeckte extraterrestrische Komponente wurde zwei Jahre später durch Messungen von Kohlhörster (1914) sogar bis zu größeren Höhen bestätigt. Mit der Entdeckung der Nebelkammer durch Wilson war man sogar in der Lage, durchdringende geladene Teilchen der kosmischen Strahlung auf Meereshöhe sichtbar zu machen.

Durch die fortschreitende Detektorentwicklung verfügt die Astroteilchenphysik über zahlreiche Experimentiermöglichkeiten. Messungen mit Satelliten, Raketen, Flugzeugen, auf Bergeshöhen, auf dem Erdboden und sogar tief unter der Erde sind möglich. Die Vielzahl der Experimente auf der Jagd nach kosmischen Teilchen ist in Abb. 1.2 skizziert.

Neben den um diese Zeit bekannten Elementarteilchen (Protonen und Elektronen) wurden in den ersten Jahren der kosmischen Strahlung das Positron (1932), das Myon (1937), das Kaon, das geladene Pion (1947) und das Lambda-Baryon (1951) entdeckt. Die Teilchenfamilie wurde durch Entdeckungen an den aufkommenden Beschleunigern deutlich vergrößert, sodass allmählich klar wurde, dass der Begriff ‚elementar' nicht mehr richtig angemessen war, was dann schließlich zum Quarkmodell führte.

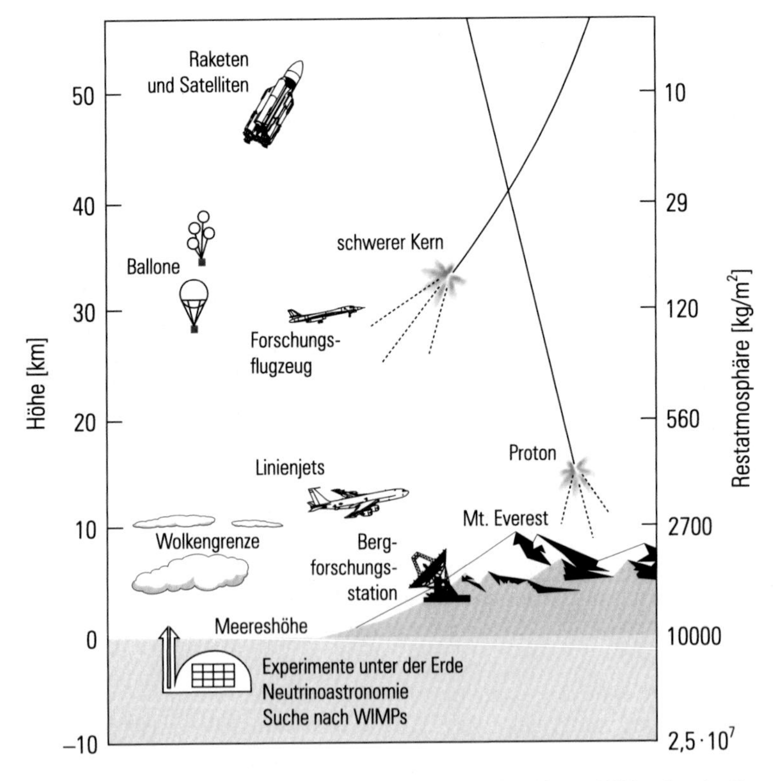


**Abb. 1.2** Experimentiermöglichkeiten in der kosmischen Strahlung. (Bildnachweis: Grupen (2000))

Neben den vielen experimentellen Aktivitäten in der Astroteilchenphysik hat Albert Einstein zeitlich parallel dazu große theoretische Beiträge zum Verständnis der Vorgänge im Kosmos geliefert. Die Spezielle Relativitätstheorie (1905) und die Allgemeine Relativitätstheorie (1915/1916) beschreiben die Vorgänge bei hohen Geschwindigkeiten nahe der Vakuumlichtgeschwindigkeit und bei großen Massen sehr exakt. Diese klassischen Theorien haben bisher alle experimentellen Tests bravourös überstanden: die korrekte Beschreibung der Lichtablenkung an der Sonne (1919), die relativistische Zeitdilatation für schnelle kosmische Myonen (die sonst gar nicht die Meeresoberfläche erreichen könnten), die jahrhundertlange unverstandene Periheldrehung des Merkur, den Energieverlust in einem rotierenden System von Pulsaren, die korrekte Beschreibung der Wirkung von Gravitationslinsen, die Entdeckung der Gravitationswellen (2015) und die Messung der Gravitationsrotverschiebung des Lichtes von Sternen in der Nähe von Schwarzen Löchern. Die Aussagekraft dieser Theorien ist schier unglaublich. Trotzdem entzieht sich die Allgemeine Relativitätstheorie der Quantisierung, wodurch klar wird, dass uns noch ein wesentlicher Baustein zum Verständnis aller Kräfte im Universum fehlt.

Da gelegentlich über Raumfahrt zu nahen Planeten diskutiert wird, kommt einem weiteren Aspekt der Astroteilchenphysik besondere Bedeutung zu. Die galaktische kosmische Strahlung stellt eine besondere Strahlenbelastung für die Astronauten dar. Hinzu kommt, dass auch die Sonne eine Quelle für einen in der Intensität sehr variablen Sonnenwind ist. Diese solaren Teilchen sind für Astronauten besonders gefährlich, wenn die Sonne in ihrer aktiven Phase Jets von Teilchen nach solaren Eruptionen emittiert. Da das kosmische Weltraumwetter sehr schlecht vorhersagbar ist und Abschirmmaßnahmen nicht wirklich praktikabel sind, ist auch die genaue Vermessung solarer Aktivitäten eine wichtige Aufgabe der Astroteilchenphysik.

Der solare Teilchenstrom führt natürlich auch ein Magnetfeld mit sich, das einerseits die galaktische kosmische Strahlung etwas abschirmt und andererseits durch die hohen variablen Magnetfelder und daraus folgenden Spannungsspitzen für irdische Kommunikationssysteme und Überlandleitungen gefährlich werden kann. In erdgebundenen Detektoren stellt man im Falle einer solaren Eruption eine drastische Abnahme galaktischer Teilchen fest, weil der Strom geladener solarer Teilchen mit ihrem Magnetfeld galaktische Teilchen daran hindert, die Erdoberfläche zu erreichen (Forbush-Ereignis – engl.: Forbush-Decrease – am 18. Februar 2011, s. Abb. 1.3).

Unabhängig von der Astroteilchenphysik, aber letztlich nicht ohne Bezug zu kosmischen Fragestellungen, gab es lange Zeit ein unlösbares Problem in der Kernphysik. Nach den Vorstellungen des frühen zwanzigsten Jahrhunderts sollte der Kern-Betazerfall über einen Zweikörperzerfall in ein Proton und ein Elektron erfolgen, d.h. aber, die beiden Zerfallsprodukte sollten feste, diskrete Energien haben.

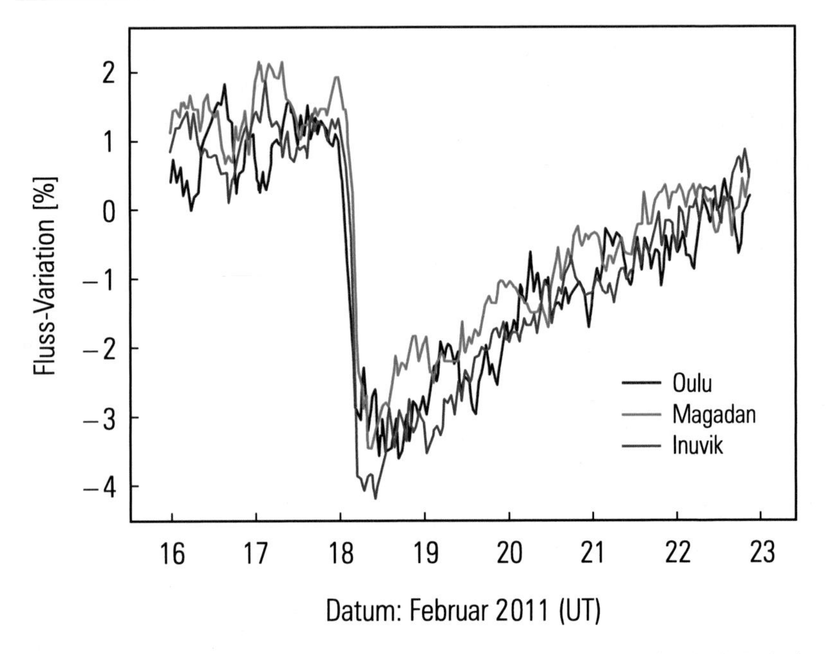


**Abb. 1.3** Variation der Intensität der galaktischen kosmischen Strahlung (Forbush-Ereignis, engl.: Forbush-Decrease) bei einem solaren Teilchenausbruch, registriert in verschiedenen Messstationen. Ein solcher solarer Teilchenstrom kann für Astronauten zu einer ernsten Strahlengefahr werden. (Bildnachweis: Oh, S.Y., Yi, Y. (2012) Solar Phys. **280,** Sn 197–204, *A Simultaneous Forbush Decrease Associated with an Earthward Coronal Mass Ejection Observed by STEREO*)

Experimentell stellte man fest, dass die Elektronenenergien bis zur kinematischen Grenze kontinuierlich verteilt waren. Es fehlte aber an allem: die Energiebilanz stimmte nicht, der Impulserhaltungssatz schien verletzt, ebenso wie der Drehimpulserhaltungssatz. Die Verzweiflung war so groß, dass Niels Bohr sogar daran dachte, die Richtigkeit der Energieerhaltung anzuzweifeln.

Wolfgang Pauli machte einen verzweifelten Versuch, diese Erhaltungssätze zu retten, indem er forderte, dass neben dem Proton und Elektron noch ein weiteres, unsichtbares Teilchen beim Zerfall emittiert wurde, das die fehlende Energie, den fehlenden Impuls wie auch den Drehimpuls übernimmt. Dieses später Neutrino genannte Teilchen sollte die genannten Erhaltungssätze retten, aber höchstens eine kleine Masse haben. Er formulierte seine Ideen in einem Brief an die Physikerkollegen, die bei einer Konferenz in Tübingen 1930 versammelt waren:

> Liebe Radioaktive Damen und Herren,
> wie der Überbringer dieser Zeilen, den ich huldvollst anzuhören bitte, Ihnen des näheren auseinandersetzen wird, bin ich angesichts ... des kontinuierlichen Beta-Spektrums auf einen verzweifelten Ausweg verfallen um ... den Energiesatz zu retten. Nämlich die Möglichkeit, es könnten elektrisch neutrale Teilchen, die ich Neutrinos nennen will, in den Kernen existieren, welche den Spin 1/2 haben und das Ausschließungsprinzip befolgen und sich von Lichtquanten außerdem noch dadurch unterscheiden, dass sie nicht mit Lichtgeschwindigkeit laufen. Die Masse der Neutrinos könnte von der gleichen Größenordnung wie die Elektronenmasse sein und jedenfalls nicht größer als 0,01 Protonenmassen. Das kontinuierliche Beta-Spektrum wäre dann verständlich unter der Annahme, dass beim Beta-Zerfall mit dem Elektron jeweils noch ein Neutrino emittiert wird, derart, dass die Summe der Energien von Neutrino und Elektron konstant ist.[1]

Pauli glaubte, dass niemand ein solches enigmatisches Teilchen je wird nachweisen können. Der Astronom Walter Baade hatte aber großen Respekt vor den Experimentalphysikern und war der Meinung, dass das Neutrino schon irgendwann entdeckt werden würde, und er bot Pauli eine Wette an. Als dann das Neutrino 1956 von Cowan und Reines an einem Kernreaktor experimentell nachgewiesen wurde, erfüllte Pauli seine Wettschuld und schickte eine Kiste Champagner. Reines bestätigte auch das Geschenk mit dem Champagner, beschwerte sich aber zugleich, dass die Theoretiker den Champagner ganz allein ausgetrunken hätten und Cowan und er selbst keinen Tropfen davon abbekommen hätten.

Das Neutrino spielt für die Elementarteilchenphysik und die Astroteilchenphysik bis zum gegenwärtigen Zeitpunkt eine herausragende Rolle.

## 1.3 Beiträge der Elementarteilchenphysik

> Die Energie ist tatsächlich der Stoff, aus dem alle Elementarteilchen, alle Atome und daher überhaupt alle Dinge gemacht sind, und gleichzeitig ist die Energie auch das Bewegende (Werner Heisenberg).

Nachdem inzwischen so viele Elementarteilchen in der kosmischen Strahlung, an Beschleunigern und Speicherringen entdeckt waren, war es an der Zeit, ein wenig Ordnung und Systematik in diesen stark gewachsenen Teilchenzoo zu bringen. Die Welt um uns herum besteht praktisch nur aus den ‚up'- und ‚down'-Quarks. In Wechselwirkungsexperimenten konnte diese erste Generation von Quarks durch

[1] Da 1930 das Neutron noch nicht direkt nachgewiesen war, nannte Pauli das geforderte Teilchen damals noch Neutron und noch nicht Neutrino.

‚strange‘- und ‚charm‘-Quarks ergänzt werden, die beide in der kosmischen Strahlung zuerst gefunden wurden. Die dritte Generation von Quarks (‚bottom‘ und ‚top‘) wurde an Speicherringen entdeckt. Es gibt also sechs Quarks und sechs Antiquarks (s. Abb. 1.4). Da es Baryonen mit drei identischen Quarks mit jeweils parallelem Spin gibt, die sich nach dem Pauli-Prinzip in irgendeiner Quantenzahl unterscheiden müssen, musste die Farbquantenzahl eingeführt werden. Dieser neue Farbfreiheitsgrad wurde auch in Experimenten der Hadronerzeugung in Elektron-Positron-Wechselwirkungen bestätigt.

Die Wechselwirkung und Bindung der Quarks wird durch Gluonen bewerkstelligt. Gluonen tragen jeweils eine Farbe und Antifarbe. Wegen der verschiedenen Kombinationen von drei Farbfreiheitsgraden bilden die Farben tragenden Gluonen ein Colour-Oktett.

Parallel zu den hadronischen Quarks gibt es sechs fundamentale Leptonen: geladene Elektronen, Myonen und Tauonen mit ihren jeweils eigenen Neutrinos. Zu jedem Lepton gibt es auch die entsprechenden Antiteilchen. Es gibt also drei

**Abb. 1.4** Periodensystem der Elementarteilchen. (Bildnachweis: Cartoon Grupen (2013))

verschiedenartige Neutrinos. Den drei Quarkgenerationen stehen die drei Leptongenerationen gegenüber:

$$\begin{matrix} \begin{pmatrix} u \\ d \end{pmatrix}, & \begin{pmatrix} c \\ s \end{pmatrix}, & \begin{pmatrix} t \\ b \end{pmatrix} \\ \begin{pmatrix} \nu_e \\ e^- \end{pmatrix}, & \begin{pmatrix} \nu_\mu \\ \mu^- \end{pmatrix}, & \begin{pmatrix} \nu_\tau \\ \tau^- \end{pmatrix} \end{matrix} . \quad (1.1)$$

1989 wurde am Elektron-Positron-Speicherring LEP (Large Electron-Positron Collider) nachgewiesen, dass es genau drei Neutrinogenerationen mit leichten Neutrinos gibt. Mögliche schwere Neutrinos werden in einigen Theorien als Kandidaten für Dunkle Materie diskutiert, sind aber noch nicht gefunden worden.

Im Standardmodell der Teilchenphysik sind alle fundamentalen Fermionen (Teilchen mit halbzahligem Spin) masselos. Sie erhalten nach den gängigen Theorien durch den Mechanismus einer spontanen Symmetriebrechung ihre beobachteten Massen. Dieser Higgs-Mechanismus erfordert aber die Existenz eines neutralen Bosons (Teilchen mit ganzzahligem Spin), das tatsächlich 2012 am CERN nachgewiesen wurde. Damit hat das Standardmodell eine gewisse Abrundung erfahren. Es ist aber gleichzeitig klar, dass das Standardmodell nicht der Weisheit letzter Schluss sein kann, denn das Modell enthält noch viel zu viele freie Parameter, die an die experimentellen Beobachtungen angepasst werden müssen.

## 1.4 Renaissance der Astroteilchenphysik und offene Fragen

> Mein Ziel ist einfach. Es ist das vollständige Verständnis des Universums: warum es so ist, wie es ist und warum es überhaupt existiert (Stephen Hawking).

Die zwischenzeitliche Dominanz der Beschleuniger und Speicherringe wurde aber durch eine Reihe von spektakulären Entdeckungen von einer Renaissance der Astroteilchenphysik abgelöst:

- Die Entdeckung der kosmologischen Schwarzkörperstrahlung durch Penzias und Wilson 1965, die zur Bestätigung des klassischen Urknall-Modells führte und die Idee vom stationären Universum widerlegte.
- Die Beobachtung der Supernovaexplosion SN 1987A in der Großen Magellanschen Wolke im sichtbaren Spektralbereich und durch Neutrinos in großvolumigen unterirdischen Detektoren.

- Die Lösung des Solaren Neutrino-Problems mit der weitreichenden Entdeckung von Neutrino-Oszillationen.
- Die Entdeckung der beschleunigten Expansion des Universums seit einigen Milliarden Jahren durch die Untersuchung der Helligkeit von entfernten Supernovae vom Typ Ia.
- Die Entdeckung des unerwarteten Überschusses primärer Positronen bei Energien zwischen 10 und 1000 GeV.
- Die Messung der ersten extragalaktischen Neutrinos mit dem ICECUBE-Experiment.
- Die Beobachtung von intensiven Gammaquellen im Hochenergiebereich in der Milchstraße und in extragalaktischen Entfernungen.
- Die Beobachtung der von hochenergetischen kosmischen Teilchen ausgelösten Luftschauer durch die von ihnen erzeugte Radiostrahlung.
- Die Messung der Wechselwirkungen von Photonen der Schwarzkörperstrahlung mit hochenergetischen Protonen, die auf diese Weise ihre Energie verlieren und zum Abbruch des Primärspektrums führen.
- Die Entdeckung von extragalaktischen Gamma-Ray Bursts (GRBs; dt.: Gammablitze), nach deren genauer Erklärung immer noch gesucht wird.
- Die Beobachtung von Teilchenjets aus Aktiven Galaktischen Kernen (engl.: Active Galactic Nuclei, kurz AGN), in denen hochenergetische Teilchen beschleunigt werden, wobei die Details der Beschleunigung noch besser verstanden werden müssen.
- Die Multi-Messenger-Beobachtung von kosmischen Katastrophen wie der Kollision von Neutronensternen (Kilonova).

Daneben gibt es aber immer noch viele unbeantwortete Fragen bezüglich der Dunklen Materie, Dunklen Energie und der Vereinheitlichung von Quantenmechanik und Allgemeiner Relativitätstheorie. In der Kosmologie kann die Inflation zwar einige Probleme des klassischen Urknallmodells lösen, aber mit experimentellen Tests sieht es schwierig aus. Da die Expansion des Universums seit ein paar Milliarden Jahren wieder zulegt, ist die Frage, ob die kosmologische Konstante vielleicht dynamisch ist.

### Zusammenfassung

Die Geburtsstunde der Astroteilchenphysik war die Entdeckung der kosmischen Strahlung bei der historischen Ballonfahrt von Victor Hess im Jahr 1912. In der Frühzeit der kosmischen Strahlung – der Name Astroteilchenphysik war noch nicht geläufig – wurden viele Entdeckungen von Elementarteilchen gemacht.

Positronen, Myonen und Pionen waren die ersten neuen Elementarteilchen. Mit dem Aufkommen der Beschleuniger verlagerte sich aber das Feld der Elementarteilchen zu den erdgebundenen Beschleunigern. Erst in den 1970er-Jahren wurden die kosmischen Beschleuniger wieder interessant: Die Messung der solaren Neutrinos, die Entdeckung der Supernova 1987A mit der Messung von Neutrinos aus dieser Quelle und die Entdeckung der Neutrino-Oszillationen führte zu einer Renaissance der kosmischen Strahlung. Heute ist die Astroteilchenphysik ein aktives, interdisziplinäres Forschungsgebiet, das Astronomie, kosmische Strahlung und Elementarteilchenphysik umfasst und vereinigt. Die Zukunft der Astroteilchenphysik wird in der gleichzeitigen, detaillierten Beobachtung kosmischer Ereignisse mit verschiedenen Techniken in unterschiedlichen Spektralbereichen liegen (Multi-Messenger-Experimente).

# 2 Geladene Komponente der primären kosmischen Strahlung

*Das Universum ist eine Symphonie von Saiten, und der Geist Gottes, über den Einstein so wortgewaltig dreißig Jahre lang schrieb, ist wie kosmische Musik, die in einem elf-dimensionalen Hyperraum widerhallt.*

Michio Kaku

Die Messung der primären kosmischen Strahlung, also der Strahlung, die aus der Milchstraße und eventuell extragalaktischen Entfernungen an der Erde ankommt, kann nur mit Detektoren außerhalb der Atmosphäre der Erde, also in Höhen von mehr als 40 km erfolgen. Das Spektrum der Hauptkomponenten der primären kosmischen Strahlung aus direkten Messungen ist in Abb. 2.1 dargestellt.

Die verschiedenen Daten stammen deshalb aus Ballonmessungen, aus Satelliten und von einem Experiment auf der Internationalen Raumstation ISS. Die Häufigkeit der verschiedenen Atomkerne nimmt mit zunehmender Kernladungszahl, wie erwartet, ab. Direkte Messungen erfordern eine gute Identifizierung der verschiedenen Elemente. Ein wesentlicher Detektor einer solchen Anordnung zur Teilchenidentifizierung ist ein Spurkammersystem in einem möglichst starken Magnetfeld zur Impulsbestimmung. Die geladenen Kerne erfahren wegen des Gleichgewichts zwischen Zentrifugal- und Lorentz-Kraft ($\boldsymbol{v} \perp \boldsymbol{B}$ angenommen) eine Ablenkung der Teilchenbahn, die sich aus

$$\frac{mv^2}{\varrho} = z \cdot e \cdot v \cdot B \tag{2.1}$$



C. Grupen, *Neutrinos, Dunkle Materie und Co.*, essentials,
https://doi.org/10.1007/978-3-658-24826-0_2

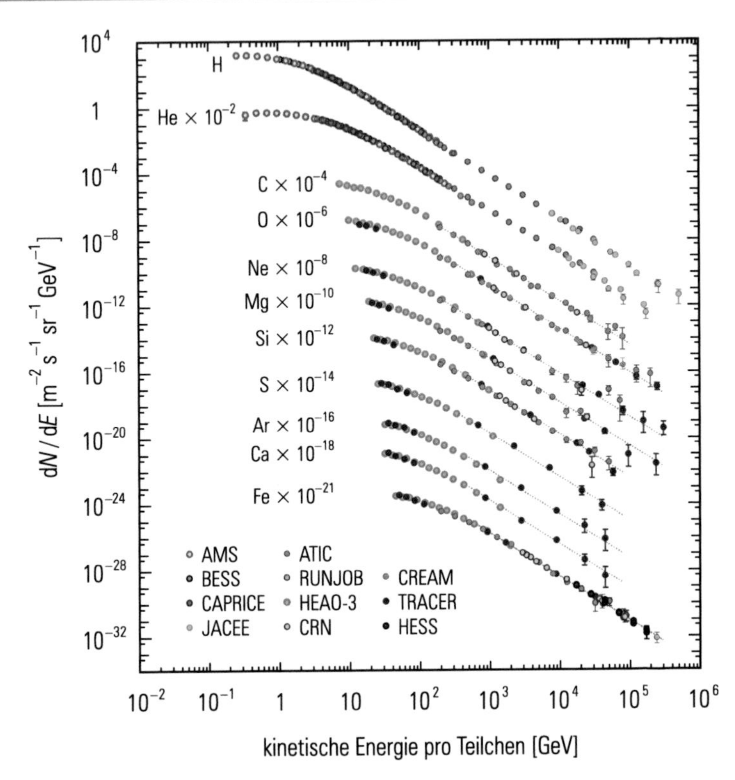


**Abb. 2.1** Spektrum der Hauptkomponenten der primären kosmischen Strahlung aus direkten Messungen. Die verschiedenen Daten stammen aus Ballonmessungen, aus Satelliten und von einem Experiment auf der Internationalen Raumstation ISS. Die auf der Ordinate dargestellte Intensität ist pro Flächeneinheit ($m^2$), pro Raumwinkel (in Steradiant), pro Sekunde und pro Energie (in GeV) angegeben. (Bildnachweis: Boyle, P., Müller, D. (2018), *Major components of the primary cosmic radiation;* basierend auf Einzelveröffentlichungen aus Beatty, J. J., Matthews J., Wakely, S. P. in der Sektion ‚Cosmics Rays'; The Review of Particle Physics, Berkeley; http://pdg.lbl.gov/; zugegriffen am 12.09.2018. Tanabashi, M. et al. (Particle Data Group) (2018) Phys. Rev. **D 98** Sn 030001, *Review of Particle Physics,* Fig. 29.1; http://pdg.lbl.gov/, zugegriffen am 01.09.2018)

errechnen lässt, woraus sich der Impuls für einfach geladene Teilchen ergibt:

$$p = e \cdot \varrho \cdot B$$

($p$ – Impuls, $B$ – Magnetfeld, $v$ – Teilchengeschwindigkeit, $m$ – Teilchenmasse, $\varrho$ – Krümmungsradius). In der kosmischen Strahlung wird häufig der auf die Ladung $z$ bezogene Impuls, genannt magnetische Steifigkeit $R$, verwendet:

$$R = \frac{pc}{ze}. \tag{2.2}$$

Die Teilchenidentifizierung in einem solchen Detektor bedeutet, dass man die Masse und Ladung eines Teilchens bestimmen muss. Jeder Wechselwirkungsprozess von Teilchen oder Strahlung kann im Prinzip dazu benutzt werden, Teilchen zu identifizieren. Wegen $p = mv$ kann der Impuls eines Teilchens aus dem Ablenkradius $\varrho$ im Magnetfeld folgendermaßen dargestellt werden:

$$\rho \propto \frac{p}{z} = \frac{\gamma m_0 \beta c}{z}; \tag{2.3}$$

dabei ist $z$ die Ladung des Teilchens, $m_0$ seine Ruhmasse, $\beta = \frac{v}{c}$ seine Geschwindigkeit und $\gamma$ der Lorentz-Faktor $\left(\gamma = \frac{1}{\sqrt{1-\beta^2}}\right)$.

Neben der Impulsmessung nutzt man im experimentellen Aufbau noch eine Flugzeitmessung mit Szintillationszählern, die die Geschwindigkeit $\beta$ bestimmen. Eine Messung der spezifischen Ionisation der geladenen Teilchen liefert Informationen zur Kernladung $z$ und ebenfalls zu $\beta$. Die Energie der Kerne kann mit einem elektromagnetischen und einem hadronischen Kalorimeter gemäß

$$E^{\text{kin}} = (\gamma - 1)m_0 c^2 \tag{2.4}$$

bestimmt werden. Aus Redundanzgründen werden auch häufig Cherenkov-Zähler und Übergangsstrahlungsdetektoren eingesetzt, die für eine sichere Teilchenidentifikation nützlich sind. Wegen der begrenzten Baugröße der Detektoren an Ballonen und in Satelliten kann man auf diese direkte Weise aus Intensitätsgründen nur Primärteilchen bis zu einigen 1000 GeV erfassen.

Für höhere Energien müssen indirekte Messtechniken über die Erzeugung großer Luftschauer durch energiereiche Teilchen in der Atmosphäre herangezogen werden. Optische Beobachtungen durch die Luft-Cherenkov-Technik erfordern aber mondlose, klare Nächte. Solche Luftschauer können aber auch durch die von ihnen emittierte Radiostrahlung rund um die Uhr nachgewiesen werden. Bei diesen Techniken ist die Energieauflösung weniger genau im Vergleich zu direkten Messungen, und die Identifikation der Kerne ist recht problematisch. Das Periodensystem der ankommenden Teilchen bei Energien oberhalb von $10^{18}$ eV besteht – messtechnisch bedingt – praktisch nur aus Protonen und Eisenkernen; d. h. eine feinere Elementstruktur lässt sich bei der gegenwärtigen Messtechnik nur sehr schwer auflösen.

Der Verlauf des Primärspektrums wird bei Energien bis in den GeV-Bereich von der Sonnenaktivität moduliert. Die aktive Sonne hindert niederenergetische galaktische Primärteilchen am Erreichen der Erde, weil das den Sonnenwind begleitende Magnetfeld galaktische Teilchen z. T. abschirmt.

Das relativ schwache galaktische Magnetfeld kann nicht alle Teilchensorten gleichermaßen speichern. Leichte Teilchen wie Wasserstoff- und Heliumkerne beginnen ab Energien von einigen PeV, die Milchstraße zu verlassen. Dadurch wird das Energiespektrum bei diesen Energien steiler (‚Knie der primären kosmischen Strahlung'). Wenn wegen der begrenzten magnetischen Speicherbarkeit der Milchstraße auch die relativ häufigen Eisenkerne ($z = 26$) die Galaxie verlassen, wird das Spektrum noch einmal etwas steiler (‚Eisenknie').

Bei noch höheren Energien verlieren z. B. primäre Protonen durch Wechselwirkungen mit der kosmischen Hintergrundstrahlung Energie durch Pionenproduktion (Greisen-Zatsepin-Kuzmin-Cut-off):

$$\begin{aligned} \gamma + p &\rightarrow p + \pi^0, \\ \gamma + p &\rightarrow n + \pi^+. \end{aligned} \tag{2.5}$$

Deshalb wird das Primärspektrum auf diese Weise noch einmal steiler. Es scheint sogar durch diesen Prozess signifikant abzubrechen (‚Knöchel' der kosmischen Strahlung, s. Abb. 2.2).

Viele Experimente haben versucht, die Quellen der kosmischen Strahlung zu finden. Mit geladenen Teilchen ist das fast unmöglich, weil die irregulären galaktischen und extragalaktischen Magnetfelder die ursprüngliche Richtung der geladenen Teilchen randomisieren. Nur bei den höchsten Energien hofft man, dass auch die geladenen Teilchen ihre Ursprungsrichtung einigermaßen beibehalten. Das Auger-Experiment findet für Primärteilchen mit Energien über 57 EeV tatsächlich eine gewisse Häufung entlang der supergalaktischen Ebene, die allerdings statistisch nicht sehr signifikant ist.

Die Wechselwirkung der primären kosmischen Teilchen führt wegen des Greisen-Zatsepin-Kuzmin-Cut-offs dazu, dass das Universum für hochenergetische Protonen und letztlich auch für schwerere Kerne nicht mehr transparent ist. Eine typische Abschwächlänge für Teilchenenergien oberhalb $6 \cdot 10^{19}$ eV beträgt etwa 100 Mpc; d. h. ein sehr großer Teil des Universums lässt sich mit geladenen Primärteilchen nicht erkunden. Für andere kosmische Boten wie Neutrinos oder gar Gravitationswellen ist das Universum dagegen transparent.

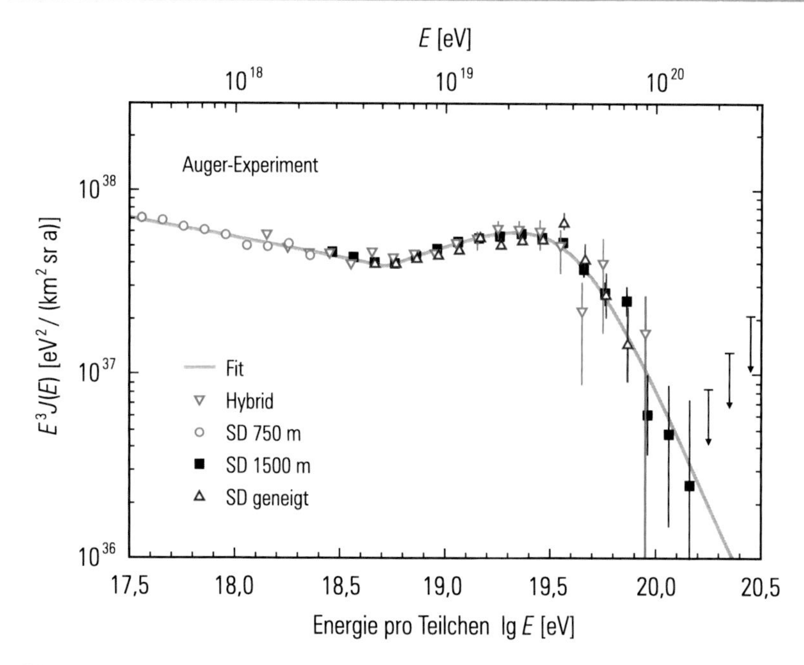


**Abb. 2.2** Darstellung des Energiespektrums der primären kosmischen Strahlung mit einer um $E^3$ skalierten Intensität. Die Daten stammen aus dem Auger-Experiment und zeigen deutlich das Abknicken des Spektrums oberhalb $6 \cdot 10^{19}$ eV. (SD steht für die Daten aus den Cherenkov-Oberflächendetektoren und ‚Hybrid' umfasst sowohl die Oberflächendetektoren als auch die Fluoreszenzteleskope.) (Bildnachweis: *Highlights from the Pierre Auger Observatory,* Karl-Heinz Kampert für die Pierre Auger Collaboration, Proceedings of Highlight talk presented at ICRC 2011, Beijing; arXiv:1207.4823 [astro-ph.HE]. https://www.auger.org/, zugegriffen am 01.09.2018. Mit freundlicher Empfehlung von K.-H. Kampert)

# 3 Röntgenastronomie

*Das Universum blinkt überall auf.*

Riccardo Giacconi

Nach den großen Erfolgen der Astronomie im Optischen ist es nicht erstaunlich, dass man versuchen würde, auch Astronomie in anderen Spektralbereichen zu betreiben. Neben der Radioastronomie und der Infrarotastronomie bot sich die Röntgen- und Gammaastronomie an. Das Problem ist nur, dass man zwar vom Radarbereich bis zum Optischen die Astronomie von der Erdoberfläche aus betreiben kann. Die Atmosphäre der Erde ist jedoch zu dick, als dass die extraterrestrische Röntgenstrahlung eine Chance hätte, die Erdoberfläche zu erreichen. Im keV-Bereich, wo die meisten Röntgenquellen die höchste Leuchtkraft besitzen, beträgt die Reichweite der Röntgenstrahlen in Luft nur etwa 10 cm. Um Röntgenstrahlen von Himmelsobjekten beobachten zu können, muss man deshalb Detektoren am Rande der Atmosphäre oder im Weltraum betreiben. Daher kommen nur Ballonexperimente, Raketenflüge oder Satellitenmissionen in Betracht.

Der erste direkte Nachweis von Röntgenstrahlung von der Sonne erfolgte 1962 durch einen Flug mit einer nach dem Zweiten Weltkrieg eroberten V2-Rakete. Im selben Jahr wurde die Röntgenquelle Scorpius X-1 mehr zufällig entdeckt, als eine amerikanische Rakete nach Röntgenstrahlung vom Mond suchte. Das war äußerst überraschend, denn man wusste schon, dass unsere Sonne einen kleinen Bruchteil ihrer Energie im Röntgenbereich emittiert. Allerdings hatte man Röntgenstrahlung von anderen Himmelsobjekten aber nicht erwartet. Immerhin waren die nächsten Sterne einige 100 000 Mal weiter entfernt als unsere Sonne. Solche Quellen hätten im Vergleich zur Sonne eine enorme Leuchtkraft im Röntgenbereich haben müssen, um mit den Detektoren der 1960er-Jahre mit einfachen Geigerzählern entdeckt werden zu können. Dadurch ergab sich die Frage, welche Mechanismen für die Erzeugung von Röntgenstrahlung verantwortlich sind.



C. Grupen, *Neutrinos, Dunkle Materie und Co.*, essentials,
https://doi.org/10.1007/978-3-658-24826-0_3

Als Röntgenstrahlung wird in der Astronomie der Spektralbereich von Energien von 0,1 bis zu einigen hundert keV bezeichnet. Als Erzeugungsmechanismen kommen Schwarzkörperstrahlung von heißen Sternen, Bremsstrahlung, Synchrotronstrahlung von Elektronen in Magnetfeldern und der inverse Compton-Effekt bei Wechselwirkungen von relativistischen Elektronen mit starken Photonenfeldern infrage.

Im Jahre 1971 hat der Satellit UHURU (‚Freiheit' in Suaheli) eine erste Himmelsdurchmusterung im Röntgenbereich durchgeführt. Dabei wurden 339 Röntgenquellen entdeckt. Ein überraschendes Ergebnis war die Bestimmung des extrem starken Magnetfeldes von Hercules X-1 von 500 Mio. T als Ergebnis der Messung der harten Röntgenstrahlung von dieser Quelle mit einem Ballonexperiment. Besonders erfolgreich war das deutsch-britisch-amerikanische Gemeinschaftsprojekt mit dem Röntgensatelliten ROSAT. ROSAT hatte gegenüber den früheren Röntgensatelliten eine viel höhere geometrische Akzeptanz, Winkel- und Energieauflösung und ein enorm gesteigertes Signal-Rausch-Verhältnis. Bei der ROSAT-Himmelsdurchmusterung wurden 150 000 Röntgenquellen gefunden. Praktisch alle Sterne emittieren Röntgenstrahlung. ROSAT fand auch eine diffuse Röntgenstrahlung von großen Gaswolken, die eine Abschätzung der Materiedichte im Universum zuließ.

Mit Chandra und dem ebenfalls 1999 gestarteten Röntgensatelliten XMM (X-ray Multi-Mirror Mission; im Jahr 2000 umbenannt in XMM-Newton bzw. Newton-Observatorium) erhält man zum Teil Auflösungsverbesserungen gegenüber ROSAT und erzielt weitere Erkenntnisse über die Komponenten der nicht im Optischen leuchtenden Materie. Mit verbesserten Detektoren an Bord haben die Satelliten Chandra und XMM-Newton eine Vielzahl von neuen Quellen entdeckt und spektakuläre Ergebnisse im Röntgenbereich gefunden.

Mit neuen Röntgendetektoren (aus hochauflösenden CCD-Kameras, Vielkanal-Photomultipliern und speziellen hochintegrierten Siliziumdetektoren) wurde eine Reihe von astrophysikalisch interessanten Objekten im wahrsten Sinne des Wortes unter die (Röntgen-)Lupe genommen. Die Abb. 3.1 zeigt ein Bild der nach Tycho Brahe benannten Supernova des Typs Ia im Sternbild Cassiopeia.

Supernovae vom Typ Ia entstehen, wenn Weiße Zwerge eine kritische Massengrenze überschreiten und es zu einem Kollaps des Sterns kommt. In einer thermonuklearen Explosion des Sterns und durch die dabei frei werdende Energie wird der Weiße Zwerg vollständig zerrissen.

Die Röntgenastronomie hat wichtige Erkenntnisse über Phänomene am Ende der Lebensdauer von Sternen geliefert. Dazu gehören Supernova-Explosionen, Neutronensterne und Pulsare und stellare Schwarze Löcher. In extragalaktischen Entfernungen dominieren Aktive Galaktische Kerne und Masse ansammelnde Schwarze Löcher die Emission von Röntgenstrahlung.

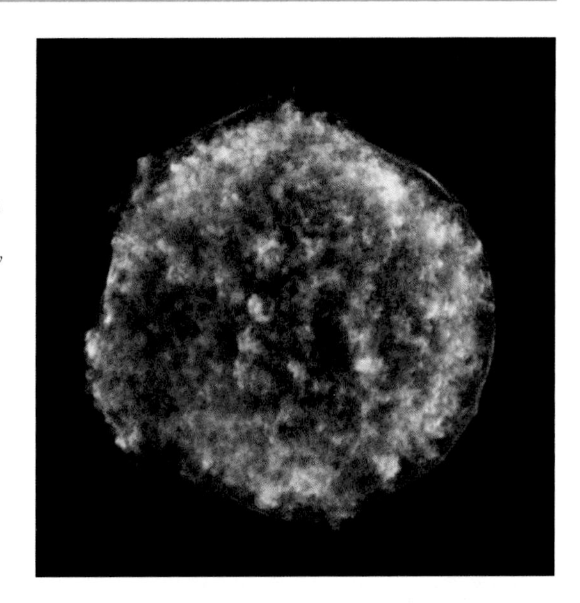

**Abb. 3.1** Röntgenbild der Typ-Ia-Supernova SN 1572 (Tycho), aufgenommen mit dem Chandra-Teleskop. (Bildnachweis: Chandra X-ray Observatory, http://chandra.si.edu/, zugegriffen am 01.09.2018. *Tycho's Supernova Remnant: A New View of Tycho's Supernova Remnant,* http://chandra.harvard.edu/photo/2009/tycho/, zugegriffen am 01.09.2018)

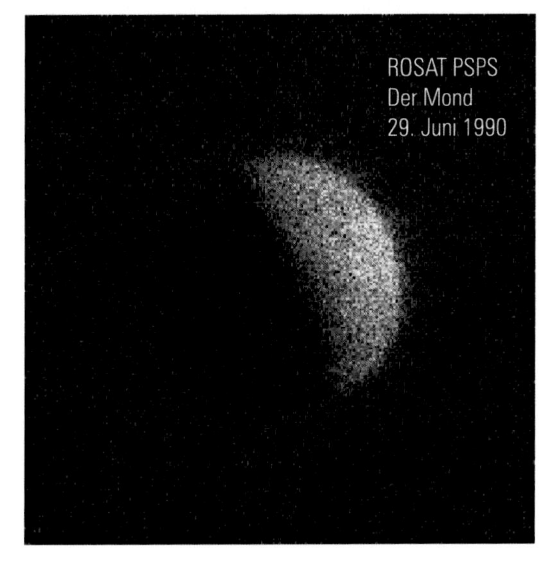


**Abb. 3.2** ROSAT-Röntgenaufnahme vom Mond. (Bildnachweis: Max-Planck-Institut für Extraterrestrische Physik, *The ROSAT Satellite, X-rays from the Moon,* http://www.mpe.mpg.de/xray/wave/rosat/publications/highlights/moon.php, zugegriffen am 01.09.2018)

Spektakulär – wenn auch nicht überraschend – war der Nachweis von Röntgenstrahlung vom Mond. Der Mond emittiert diese Röntgenstrahlung aber nicht selbst. Hierbei handelt es sich um reflektierte Koronastrahlung von der Sonne, denn genauso wie der Mond auch im Optischen nicht leuchtet, so reflektiert er auch nur zum Teil solare Röntgenstrahlung (Abb. 3.2).

Es ist auch noch interessant, darauf hinzuweisen, dass die Entwicklung von neuartigen Röntgen- und Gammadetektoren zu wichtigen Fortschritten in der Materialforschung und hauptsächlich bei den Abbildungsverfahren in der Medizin (Positronen-Emissions-Tomographie [PET], Single Photon Emission Computed Tomography [SPECT], Computertomographie, ...) geführt hat.

# 4 Gammaastronomie

*Es werde Licht.*

Bibel, Genesis

Kosmische Gammastrahlung öffnet ein Fenster in die höchstenergetischen Prozesse im Universum. Im Grunde sind die Produktionsmechanismen für kosmische Gammastrahlung dieselben wie für Röntgenstrahlung. Es kommen allerdings noch Prozesse wie $\pi^0$-Zerfall und Zerstrahlung von Antimaterie hinzu. In Supernovaexplosionen werden unter anderem auch radioaktive Elemente synthetisiert, sodass auch $\gamma$-Linien beim Zerfall dieser Kerne erwartet werden.

Als Nachweismethoden werden im Bereich bis zu Energien von einigen GeV Verfahren eingesetzt, die schon von der Messung der Röntgenstrahlung her bekannt sind. Im Hochenergiebereich bei Energien oberhalb von 100 GeV kommen abbildende Luft-Cherenkov-Teleskope zur Anwendung. Der $\gamma$-Himmel für Energien oberhalb des PeV-Bereichs bleibt aber auf galaktische Entfernungen begrenzt, denn ab $10^{15}$ eV setzen absorptive Prozesse über $\gamma\gamma$-Wechselwirkungen z. B. mit der kosmischen Schwarzkörperstrahlung ein.

Abb. 4.1 zeigt eine Himmelsdurchmusterung im Licht von Gammastrahlung mit Energien oberhalb von 100 MeV, die vom EGRET-Detektor an Bord des Compton Gamma Ray Observatory (CGRO) aufgenommen wurde.

Quellen für Gammastrahlung sind Supernovae, Neutronensterne und Pulsare, Schwarze Löcher und Aktive Galaktische Kerne (AGNs). Die Gammaemission von AGNs wird vermutlich durch Materie, die in das zentrale supermassive Schwarze Loch fällt, erzeugt. Die dabei gebildeten Plasmajets werden senkrecht zur Akkretionsscheibe emittiert, wobei der genaue Produktionsmechanismus hochenergetischer Strahlung noch im Detail besser verstanden werden muss.

 
C. Grupen, *Neutrinos, Dunkle Materie und Co.*, essentials,
https://doi.org/10.1007/978-3-658-24826-0_4

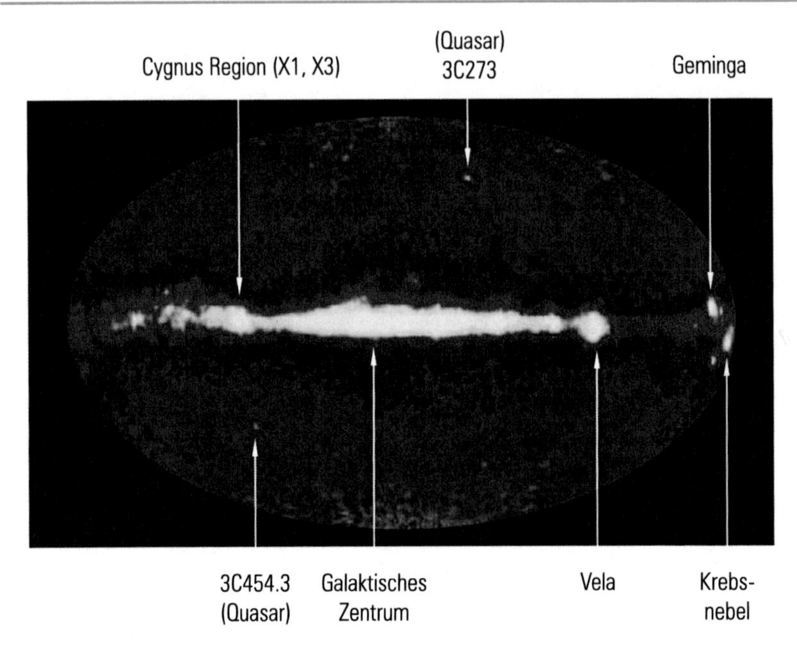


**Abb. 4.1** Vollständige Durchmusterung des Himmels (All Sky Survey) im Lichte der $\gamma$-Strahlung mit Energien oberhalb 100 MeV (Daten des EGRET-Detektors an Bord des CGRO). Man erkennt verschiedene Quellen wie Cygnus X3, Vela, Geminga und den Krebsnebel sowie das galaktische Zentrum. Außerdem sind einige extragalaktische Quellen außerhalb der galaktischen Ebene zu sehen. (Bildnachweis: The Energetic Gamma Ray Experiment Telescope (EGRET); NASA: EGRET Data; CGRO EGRET Team; Steve Drake for the HEASARC, https://heasarc.gsfc.nasa.gov/docs/cgro/egret/, zugegriffen am 01.09.2018. Hartman, R. C. et al. (1999) ApJS **123,** Sn 79–202, *The Third EGRET Catalog of High-Energy Gamma-Ray Sources.* http://heasarc.gsfc.nasa.gov/docs/cgro/images/egret/EGRET_All_Sky.jpg, zugegriffen am 01.09.2018)

Ein besonders interessantes Ereignis war die Kollision von zwei Neutronensternen im Jahr 2017, eine ‚Kilonova', die zur Emission von Gravitationswellen und elektromagnetischer Strahlung von Radiowellen über sichtbares Licht bis hin zur Gammastrahlung führte. Solche Multi-Messenger-Beobachtungen sind für das Verständnis des Ursprungs der hochenergetischen kosmischen Prozesse überaus wertvoll.

Eine überraschende Entdeckung von einmaligen kurzen Ausbrüchen von $\gamma$-Strahlung gelang in den frühen 70er-Jahren des 20. Jahrhunderts amerikanischen Vela-Aufklärungssatelliten. Diese Satelliten sollten eigentlich die Einhaltung eines

Abkommens über den Stopp von Kernwaffentests in der Atmosphäre überwachen. Die registrierte $\gamma$-Strahlung kam aber nicht von der Erde oder aus der Atmosphäre, sondern von außerhalb der Erde liegenden Quellen, und hatte deshalb mit Kernwaffenexplosionen, die ebenfalls eine Quelle von $\gamma$-Strahlung sind, nichts zu tun. Die räumliche Verteilung dieser $\gamma$-Ray Burster (GRB) zeigte, dass sie auf jeden Fall extragalaktisch waren. Es könnte sich um Supernovae oder Hypernovae handeln. Aber auch Neutronensterne, Pulsare, Magnetare, hypothetische Quarksterne oder Schwarze Löcher könnten die Ursache sein.

Gamma-Ray Burster bieten auch eine Gelegenheit, die Lorentz-Invarianz zu testen: Elektromagnetische Strahlung sollte sich im Vakuum immer mit Lichtgeschwindigkeit ausbreiten, unabhängig von der Energie der Photonen. Wegen der großen Entfernungen der GRBs könnte man anhand der Ankunftszeiten von Photonen unterschiedlicher Energie testen, ob die Lichtgeschwindigkeit von der Photonenenergie abhängt. Der Gamma-Burst-Monitor des FERMI-Satelliten hat die Ankunftszeiten des Bursts GRB 090510 im Energiebereich von einigen Hundert keV bis 30 GeV gemessen und keine Abweichungen von der Lorentz-Invarianz gefunden und damit gewisse Modelle für Theorien der Quantengravitation schon ausgeschlossen.

# 5 Neutrinoastronomie

*Neutrino-Physik ist zum großen Teil die Kunst, eine Menge zu lernen, indem man nichts beobachtet.*

Haim Harari

Der Startschuss für die Neutrinophysik wäre um ein Haar durch die Explosion einer Atombombe erfolgt. Um die schwach wechselwirkenden Neutrinos bei winzigen Wirkungsquerschnitten nachzuweisen, benötigte man einen großen Neutrinofluss. Die stärksten Neutrinoflüsse erhält man unmittelbar nach einer nuklearen Explosion. Kernspaltbomben erzeugen über den Neutronzerfall $n \rightarrow p + e^- + \bar{\nu}_e$ einen intensiven Fluss von Elektron-Antineutrinos. Die Antineutrinos aus diesem Zerfall sind genau die Teilchen, die Pauli 1930 für den Kern-Betazerfall postuliert hatte.

Eine Explosion einer nuklearen Bombe in der Nähe eines empfindlichen Neutrino-Detektors würde aber vermutlich einen starken Untergrund störender Signale erzeugen. In Gesprächen u. a. mit Fermi und Bethe wurde von Cowan und Reines vorgeschlagen, den inversen Kern-Betazerfall für einen Neutrinonachweis zu verwenden $\bar{\nu}_e + p \rightarrow n + e^+$. Die nachfolgende Zerstrahlung des Positrons $e^+ + e^- \rightarrow \gamma + \gamma$ könnte über eine Koinzidenz der beiden energiereichen Gammaquanten einen möglichen Untergrund signifikant unterdrücken. Auch könnte man das Endzustandsneutron von einem Kern einfangen lassen, der dadurch angeregt wird und nachfolgend Gammaquanten emittiert. Auf diese Weise würde für einen Neutrinonachweis anstatt einer Kernspaltbombe auch ein starker Kernreaktor als Neutrinoquelle geeignet sein. Ein solcher Nachweis wurde dann auch 1955/1956 am Savannah-River-Reaktor in einem Experiment mit dem sinnigen Namen ‚Poltergeist' von Cowan und Reines erfolgreich durchgeführt.



C. Grupen, *Neutrinos, Dunkle Materie und Co.*, essentials,
https://doi.org/10.1007/978-3-658-24826-0_5

## 5.1 Solare Neutrinos

Das erste astrophysikalisch interessante Neutrino-Experiment führte dann gleich zu dem solaren Neutrino-Problem.

Ray Davis wollte mit einem radiochemischen Experiment die solaren Neutrinos aus der Proton-Proton-Fusion $p+p \rightarrow d+e^{+}+\nu_{e}$, und insbesondere die Neutrinos aus den nachfolgenden Fusionsreaktionen zum Helium, nachweisen. Die solaren Neutrinos sind – im Gegensatz zu denen des Kern-Betazerfalls – keine Elektron-Antineutrinos. Sie lassen sich in einem riesigen Tank mit 380 000 l Perchloräthylen durch die Reaktion

$$\nu_{e} + {}^{37}\mathrm{Cl} \rightarrow {}^{37}\mathrm{Ar} + e^{-} \tag{5.1}$$

einfangen und über die Elektron-Einfangreaktion des $^{37}$Ar messen. Die solaren Astrophysiker waren sich einig über den zu erwartenden enormen Neutrinofluss von der Größenordnung $10^{11}$ pro Quadratzentimeter und Sekunde. Als das Davis-Experiment nur einen Bruchteil der vorhergesagten Rate fand, glaubte man zunächst an Fehler des radiochemischen Experiments, in dem nur eine Handvoll von Neutrinos pro Monat gemessen wurden. Außerdem war das Experiment nur auf die relativ seltenen hochenergetischen Neutrinos aus dem Borzerfall ($^{7}\mathrm{Be} + p \rightarrow {}^{8}\mathrm{B} + \gamma$ mit nachfolgendem $^{8}\mathrm{B} \rightarrow {}^{8}\mathrm{Be} + e^{+} + \nu_{e}$) empfindlich. Eine extreme Vermutung war die Annahme, dass das solare Feuer in der Sonne vielleicht erloschen war. Über die Abstrahlung von Photonen würde man dies erst nach vielen 10 000 Jahren bemerken, im Neutrinonlicht aber praktisch sofort (genauer: nach acht Minuten).

Allerdings wurde das Ergebnis des Davis-Experimentes durch andere radiochemische Experimente, die auch auf die energiearmen Neutrinos aus der Proton-Proton-Kette empfindlich waren, bestätigt.

Die Lösung kam von einem Experiment über atmosphärische Neutrinos, die in dem großen Wasser-Cherenkov-Zähler Kamiokande und dem Nachfolger Super-Kamiokande gemessen wurden. Die Zahl der gemessenen Myonneutrinos war deutlich geringer als erwartet. Zudem hing die Myonneutrinorate vom Zenitwinkel ab. Auch war der Fluss der Myonneutrinos, die durch die ganze Erde gelaufen waren, stark reduziert (s. Abb. 5.1).

Nach theoretischen Spekulationen über Teilchenoszillationen im Neutrinosektor, die schon aus den 50er-Jahren des 20. Jahrhunderts von Pontecorvo stammten, kam man zu dem Schluss, dass die drei Neutrinos $\nu_{e}$, $\nu_{\mu}$ und $\nu_{\tau}$, die durch schwache Wechselwirkungen erzeugt wurden, zwar Eigenzustände dieser schwachen Wechselwirkung waren, sie stellten sich aber als Mischzustände von drei unterschiedlichen Masseneigenzuständen heraus. Solche Mischungen waren aus dem Quarksektor schon bekannt. Die solaren Neutrinos werden zwar in der

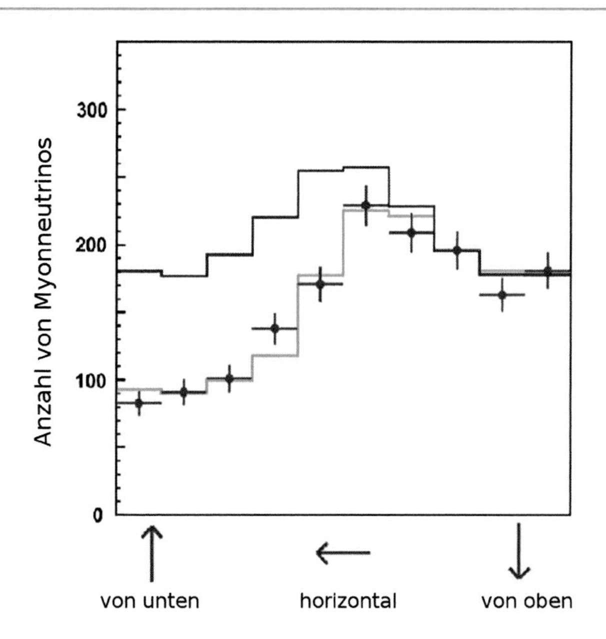


**Abb. 5.1** Die in Super-Kamiokande gemessenen Myonneutrinos. In *Blau* sind die erwarteten Flüsse unter der Annahme, dass es keine Neutrino-Oszillationen gibt, dargestellt. Die erwartete Annahme mit Neutrino-Oszillationen ist in *Grün* gezeigt. Die Datenpunkte (in *Rot*) stimmen am besten mit der Vorstellung von Neutrino-Oszillationen überein. (Bildnachweis: Super-Kamiokande-Homepage, http://www-sk.icrr.u-tokyo.ac.jp/sk/index-e.html, zugegriffen am 01.09.2018. Hyper-Kamiokande-Homepage, *Neutrinos and Neutrino Oscillation,* http://www.hyper-k.org/en/neutrino.html, zugegriffen am 01.09.2018)

Proton-Proton-Fusion und anderen Prozessen bei der Heliumerzeugung als Elektron-Neutrinos geboren, aber auf dem Weg von der Sonne zur Erde verwandelt sich ein Teil in andere Neutrinotypen ($\nu_\mu$ und $\nu_\tau$), für die die radiochemischen Experimente nicht empfindlich waren.

Die Lösung kam schließlich von einem kanadischen Experiment mit einem Target aus schwerem Wasser. Elektron-Neutrinos wechselwirken mit dem Deuterium des schweren Wassers über einen geladenen Strom gemäß $\nu_e + d \rightarrow p + p + e^-$, aber alle drei Neutrinosorten können das Deuterium in ein Proton und ein Neutron zerlegen: $\nu_x + d \rightarrow p + n + \nu'_x$ $(x = e, \mu, \tau)$. Das Neutron lässt sich dann im Detektor nachweisen. Wenn man beide Reaktionen zusammennimmt, stimmte die Neutrinorate mit den Vorhersagen der solaren Astrophysiker überein.

Neutrino-Oszillationen sind nur möglich, wenn Neutrinos eine Masse haben. Die Oszillationsexperimente liefern aber nur eine Differenz von Massenquadraten der verschiedenen Neutrino-Flavours.

Die Messung der Neutrinomassen ist gegenwärtig eine große Herausforderung, denn man erwartet, dass die Massen unterhalb des Elektronenvolt-Bereichs liegen. Das riesige KATRIN-Experiment am Forschungszentrum Karlsruhe (KIT) hofft, dazu in den nächsten fünf Jahren eine Antwort zu finden. Diese kostspielige Neutrinowaage muss in der Lage sein, einen starken Untergrund durch kosmische Strahlung und Umgebungsradioaktivität zu unterdrücken.

Im Standardmodell der Teilchenphysik sind Neutrinos masselos. Wenn man die Lepton-Oszillationen dazunimmt, erzwingt die Beobachtung der kosmischen Neutrino-Oszillationen eine Erweiterung des Standardmodells!

## 5.2 Supernova-Neutrinos

Die hellste Supernova seit der Kepler-Supernova von 1604 wurde am 23.02.1987 von Ian Shelton am Las-Campanas-Observatorium im Tarantelnebel in der Großen Magellanschen Wolke in einer Entfernung von 170 000 Lichtjahren in Chile entdeckt. Dieselbe Himmelsregion, in der die Supernova explodierte, wurde bereits 20 h vorher von Robert McNaught in Australien routinemäßig fotografiert. Die Aufnahme, die die Supernova schon enthielt, wurde von McNaught allerdings zu spät ausgewertet. Ian Shelton war die Helligkeit der Supernova schon mit dem bloßen Auge in einer Beobachtungspause außerhalb des Observatoriums aufgefallen. Als Vorläufer der Supernova konnte anhand älterer Aufnahmen ein heller Blauer Überriese, Sanduleak, ermittelt werden. Sanduleak war ursprünglich ein unauffälliger Stern mit einer 10-fachen Sonnenmasse. Während des Wasserstoffbrennens steigerte er seine Leuchtkraft deutlich. Nach dem Wasserstoffbrennen blähte sich der Stern zum Roten Riesen auf, bis Temperatur und Druck im Zentrum das He-Brennen ermöglichten. In relativ kurzer Zeit wurde auch das Helium verbraucht, und bei einer anschließenden Gravitationskontraktion zündete im Kern bei hohen Temperaturen der Kohlenstoff. Über weitere Fusionsphasen mit dem Sauerstoff-, Neon-, Silizium- und Schwefelbrennen gelangte der Stern schließlich zum Eisen, dem Element mit der höchsten Bindungsenergie pro Nukleon. Nach der Bildung von Eisen konnte der Stern aus weiteren Fusionsprozessen keine Energie mehr gewinnen. Deshalb konnte die Stabilität von Sanduleak nicht weiter aufrechterhalten werden: Er kollabierte unter seiner eigenen Schwerkraft.

Dieser Gravitationskollaps führte zu einer gigantischen Explosion, in der in einem Zeitraum von etwa 10 s $10^{58}$ Neutrinos demokratisch, d. h. in allen drei Neutrino-Flavours, emittiert wurden. Von dieser Vielzahl von Neutrinos wurden 20 in den großen Wasser-Cherenkov-Zählern von Kamiokande und dem IMB-Experiment (Irvine-Michigan-Brookhaven) nachgewiesen. Dabei hatte die

Kamiokande-Kollaboration noch etwas Glück, denn kurz vor der Supernovaexplosion gab es eine wartungsbedingte Datennahmepause. Wären die Neutrinos von der Supernova in dieser messtechnisch bedingten Unterbrechung angekommen, hätte Kamiokande die Supernovaexplosion verpasst. Das Baksan-Experiment im Kaukasus konnte ebenfalls einige Neutrinoereignisse messen.

Aus messtechnischen Gründen konnten nur Neutrinos mit dem Elektron-Flavour nachgewiesen werden. Insgesamt setzte die SN 1987A eine Energie von

$$E_{\text{total}} = (6 \pm 2) \cdot 10^{46}\,\text{J} \tag{5.2}$$

in Form von Neutrinos frei. Zum Vergleich: der Weltenergieverbrauch beträgt etwa 600 Exa-Joule ($6 \cdot 10^{20}$ J). Aus der Verteilung der Ankunftszeiten der Neutrinoereignisse konnte eine Grenze für die Elektronneutrinomasse von

$$m_{\nu_e} \leq 10\,\text{eV} \tag{5.3}$$

abgeleitet werden.

Eine vergleichbare Supernova in einer Entfernung von 5 bis 10 Lichtjahren würde vermutlich das gesamte irdische Leben auslöschen. Mit einer solchen Supernova ist allerdings im statistischen Mittel nur alle 500 Mio. Jahre zu rechnen. Ein möglicher naher Kandidat für eine Supernova-Explosion ist der Rote Riese Beteigeuze im Sternbild Orion. Wann dieser Stern spektakulär kollabieren wird, ist schwer abzuschätzen. Beteigeuze steht allerdings in einer relativ sicheren Entfernung von etwa 600 Lichtjahren.

## 5.3 Hochenergetische Neutrinos

Neutrinos erfüllen viele Anforderungen an eine effektive Astronomie:

1. Neutrinos werden nicht durch homogene oder unregelmäßige Magnetfelder beeinflusst.
2. Neutrinos zerfallen nicht auf dem Weg von der Quelle zur Erde.
3. Neutrinos und Antineutrinos sind unterscheidbar, damit kann man im Prinzip herausfinden, ob das Teilchen aus einer Materie- oder Antimateriequelle stammt.
4. Neutrinos sind hinreichend durchdringend. Deshalb kann man mit ihnen in das Innere der Quellen hineinschauen.
5. Neutrinos werden nicht durch interstellaren oder intergalaktischen Staub oder durch Infrarot- oder Schwarzkörperphotonen absorbiert.

Ein Nachteil ist sicher der schwierige Nachweis von Neutrinos wegen ihrer sehr geringen Wechselwirkungswahrscheinlichkeit. Dadurch ist man auf großvolumige Detektoren mit guter Energie-, Zeit- und Winkelauflösung angewiesen. Detektoren wie Eis- oder Wasser-Cherenkov-Zähler erfüllen aber diese Anforderungen. Das Hauptaugenmerk ruht im Moment auf den laufenden Experimenten wie ICECUBE am Südpol und ANTARES im Mittelmeer. Die Detektoren der nächsten Generation wie Hyper-Kamiokande, DUNE (Deep Underground Neutrino Experiment) in den USA oder die Erweiterungen von ICECUBE (ICECUBE-Gen2) mit einer Volumenvergrößerung von einem Faktor von etwa 10, oder der große geplante Detektor KM3Net im Mittelmeer würden erlauben, bei guter Statistik den Energiebereich bis weit jenseits des PeV-Bereichs auszudehnen.

Das kosmische Neutrinospektrum erstreckt sich über viele Dekaden der Energie und Intensität, s. Abb. 5.2.

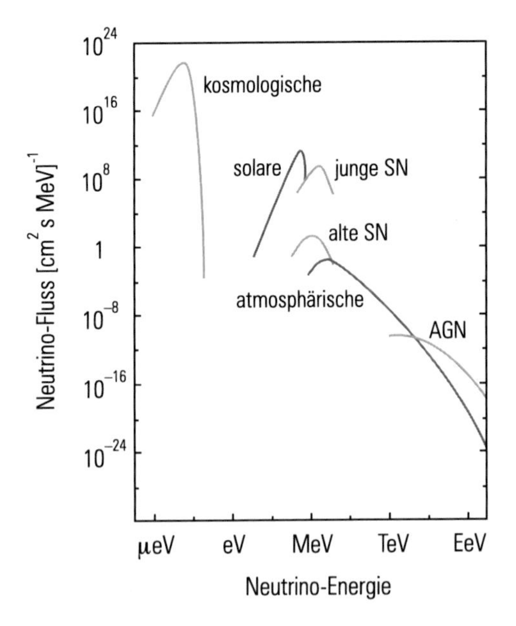


**Abb. 5.2** Vergleich der Flüsse kosmischer Neutrinos in verschiedenen Energiebereichen. (Bildnachweis: Grupen (2000); s. a. Katz, U. F., Spiering, Ch. (2012) Prog. Part. Nucl. Phys. **67** Sn 651–704, *High-energy neutrino astrophysics: status and perspectives;* http://inspirehep.net/record/944151/plots, zugegriffen am 03.09.2018. *Neutrino Astronomy,* Rosa Poggiani in *High Energy Astrophysical Techniques:* Sn 115–121, Springer, Heidelberg 2017)

Die solaren, atmosphärischen und Supernovaneutrinos wurden schon dargestellt. Die Messung der im Urknall erzeugten Neutrinos von Energien im Milli-Elektronenvolt-Bereich ist eine große Herausforderung, scheint aber im Moment messtechnisch aussichtslos. Die in der Abbildung nicht vorkommenden Geoneutrinos sind eigentlich nicht für die Astroteilchenphysik von Interesse. Diese als Nebeneffekt in Astroteilchenphysik-Experimenten gemessenen Geoneutrinos aus den Betazerfällen von Radioisotopen in der Erdkruste (z. B. $^{238}$U, $^{232}$Th und $^{40}$K) können aber für Geologen zu wichtigen Schlussfolgerungen über die Struktur der Erde führen. In analoger Weise können die in ICECUBE gemessenen hochenergetischen Neutrinos wegen des energieabhängigen Neutrino-Nukleon-Wirkungsquerschnitts Aussagen über den inneren Aufbau der Erde machen, indem die richtungsabhängige Rate hochenergetischer Neutrinos gemessen wird.

Neutrino-Warnanlage. (Bildnachweis: Cartoon Grupen (2015))

Die Untersuchung von hochenergetischen Neutrinos bei Energien jenseits von einigen TeV ist allerdings eine astrophysikalisch höchst spannende Disziplin. Als Quellen für solche Hochenergieneutrinos kommen Aktive Galaktische Kerne (AGNs), Hypernovae, Gamma-Ray Bursts und Verschmelzungen (Merger) von Schwarzen Löchern infrage.

Das ICECUBE-Experiment (s. Abb. 5.3) hat einige hochenergetische Neutrinos gemessen, davon kürzlich eines von ungefähr 300 TeV (s. Abb. 5.4), das mit energiereichen $\gamma$-Flüssen von Detektoren wie dem FERMI-Satelliten und dem Luftschauer-Cherenkov-Zähler MAGIC korreliert zu sein scheint. Eine Zufallskoinzidenz wird mit einer Signifikanz von $\approx 3\sigma$ ausgeschlossen.

Durch die Korrelation mit hochenergetischen $\gamma$-Quanten und die Winkelauflösung des Myons im ICECUBE-Detektor lässt sich auch der Ursprungsort des Ereignisses bestimmen. Mit großer Sicherheit handelt es sich um einen extragalaktischen Ursprung dieses Ereignisses. Solche Experimente haben große Bedeutung für die Untersuchung des Ursprungs der hochenergetischen kosmischen Prozesse und die Suche nach Quellen, in denen hochenergetische Teilchen beschleunigt werden.

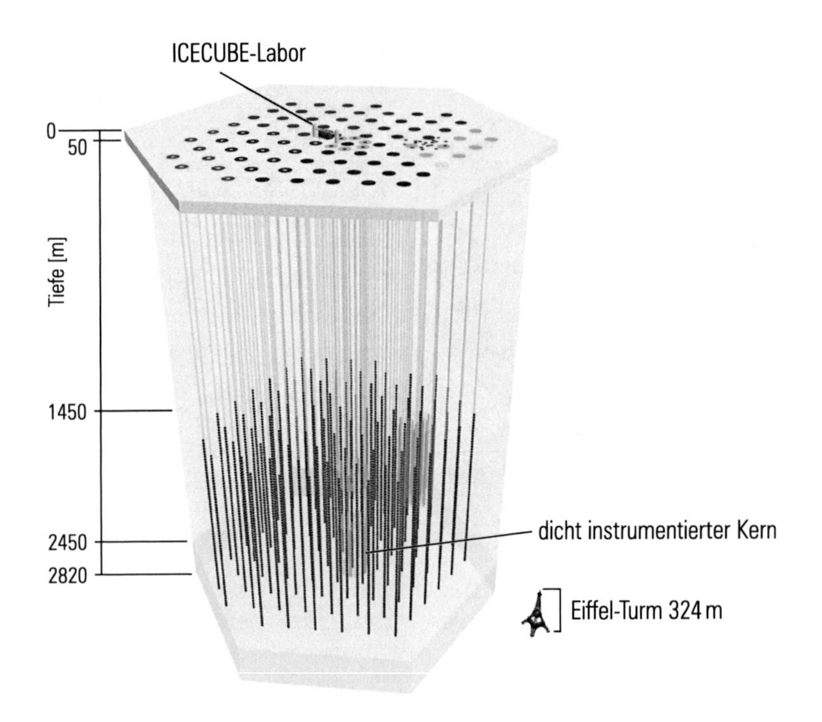


**Abb. 5.3** Aufbau des ICECUBE-Experiments am Südpol. (Bildnachweis: ICECUBE-Homepage, https://icecube.wisc.edu/, zugegriffen am 01.09.2018; ICECUBE-Detektor, http://bub.fysik.su.se/english/IceCube/, zugegriffen am 01.09.2018; mit freundlicher Genehmigung von Francis Halzen)

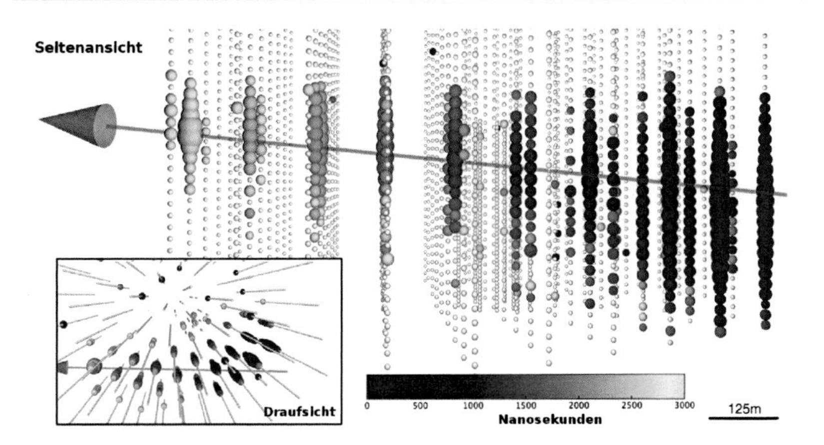


**Abb. 5.4** ICECUBE-Darstellung eines Neutrinoereignisses, das aus der Richtung des Quasars TXS 0506+056 registriert wurde. Das Ereignis kam von rechts unten. Die im ICECUBE-Detektor deponierte Energie wird zu etwa 300 TeV abgeschätzt. Ein hochenergetischer Gammaschauer von derselben Quelle wurde zeitgleich auch vom FERMI-Teleskop und vom Luftschauer-Cherenkov-Zähler MAGIC gesehen. (Bildnachweis: Halzen, F. (2018). The IceCube Collaboration, Fermi-LAT, MAGIC, AGILE, ASAS-SN, HAWC, H.E.S.S., INTEGRAL, Kanata, Kiso, Kapteyn, Liverpool Telescope, Subaru, Swift/NuSTAR, VERITAS, VLA/17B-403 teams, ...; Science 12 July (2018): eaat1378, *Multimessenger observations of a flaring blazar coincident with high-energy neutrino IceCube-170922A;* DOI: 10.1126/science.aat1378; http://science.sciencemag.org/content/361/6398/eaat1378, zugegriffen am 01.09.2018. The IceCube Collaboration, https://icecube.wisc.edu/, zugegriffen am 01.09.2018. Mit freundlicher Genehmigung von Francis Halzen)

Die Tatsache, dass Neutrinos dieser Energie aus extragalaktischen Entfernungen gemessen werden, legt den hadronischen Ursprung dieser Wechselwirkungsprozesse nahe. Neutrinos dieser Energien werden generell als Hinweis auf hadronische Prozesse in der Quelle angesehen (‚smoking gun'). Bisherige Messungen im Röntgen- und Gammabereich sind mit elektromagnetischen Beschleunigungsmechanismen wie Synchrotronstrahlung, Bremsstrahlung oder inversem Compton-Effekt kompatibel. Hochenergetische Neutrinos bei diesen Energien sind nur schwer mit elektromagnetischen Beschleunigungsmodellen zu verstehen.

Hochenergetische Neutrinos schränken auch die Modelle für die Quellen solcher Neutrinos ein. Gleichzeitig gemessene $\gamma$-Strahlung hilft dabei, die Eigenschaften der Quellen und die Propagation zu bestimmen.

Wie schon bei dem hochenergetischen Ereignis im Fall des Quasars TXS 0506+056, der in einer Entfernung von 5,7 Mrd. Lichtjahren steht und dessen relativistischer Jet genau in Richtung Erde zeigt, helfen simultane Beobachtungen in verschiedenen Spektralbereichen, mehr über den Ursprung der hochenergetischen kosmischen Strahlung zu verstehen. Deshalb sind Multi-Messenger-Experimente für diese Untersuchungen extrem wertvoll.

# Gravitationswellen 6

*Vorstellungskraft ist wichtiger als Wissen, denn Wissen ist begrenzt.*

Albert Einstein

Hundert Jahre nach Einsteins Vorhersage hat das LIGO-Experiment mit den beiden Michelson-Interferometern in Hanford und Livingston im Jahr 2015 das erste Gravitationswellensignal vom Verschmelzen zweier Schwarzer Löcher entdeckt (s. Abb. 6.1). Genau wie Pauli 1930 dachte, dass ‚sein' Neutrino niemals experimentell gemessen werden könnte, war Einstein der Ansicht, dass man das leichte Kräuseln der Raumzeit durch Gravitationswellen niemals wird nachweisen können. Mit dieser Entdeckung, die durch eine extrem erschütterungsfreie Positionierung der Interferometerspiegel und die Verwendung von ‚gequetschtem' Laserlicht (mit einer phasenabhängig reduzierten Unschärfe) ermöglicht wurde, ist mit der Gravitationswellenastronomie eine neue Methode zur Untersuchung kataklysmischer Vorgänge im Universum entstanden.

Der erste indirekte Hinweis auf die Korrektheit der Einsteinschen Vorhersage kam von einer genauen Beobachtung der Änderung der Periastronzeit eines Doppelpulsarsystems, den die Astronomen Taylor und Hulse über einen Zeitraum von 30 Jahren seit 1974 vermessen haben.

Seit der Entdeckung des ersten Gravitationswellensignals sind inzwischen mehr als ein halbes Dutzend solcher Ereignisse nachgewiesen worden, und es sind weitere Detektoren wie VIRGO in Italien dazugekommen. Geplant sind weiterhin Gravitationswellendetektoren in Indien (IndIGO, LIGO-India), in Japan (Kamioka Gravitational Wave Detector KAGRA; für 2019) und das europäische Einstein-Teleskop (Ende 2020). Schon drei weltweit verteilte Detektoren erlauben eine gute Bestimmung des Ursprungs der Gravitationswellen. Ebenso sind Multi-Messenger-Beobachtungen von Ereignissen, die in vielen Spektralbereichen gesehen werden,

 
C. Grupen, *Neutrinos, Dunkle Materie und Co.*, essentials,
https://doi.org/10.1007/978-3-658-24826-0_6

**Abb. 6.1** Das Verschmelzen zweier Schwarzer Löcher, gemessen von dem Laser-Interferometer Gravitationswellen-Observatorium LIGO, gezeigt in einer Computersimulation. (Fotonachweis: Caltech/MIT/LIGO Laboratory. Bildnachweis: LIGO-Homepage, https://www.ligo.caltech.edu/, zugegriffen am 01.09.2018. GW1509014: LIGO Detects Gravitational Waves, https://www.black-holes.org/gw150914, zugegriffen am 01.09.2018)

für eine Positions- und Entfernungsbestimmung, wie bei der Kollision zweier Neutronensterne 2017 (‚Kilonova'), besonders hilfreich.

Um eine wirklich gute Ortsauflösung zu erreichen und einen möglichst breiten Frequenzbereich abzudecken, wäre ein Gravitationswellendetektor im All die beste Lösung. LISA (Laser Interferometer Space Antenna), ein trianguläres amerikanisch-europäisches Interferometer im Weltraum (Armlänge 5 Mio. km) wurde zu diesem Zweck geplant. Nachdem die NASA aus Kostengründen dieses Projekt nicht weiter verfolgt, wollen die Europäer eine reduzierte Version (eLISA, e – evolved) mit einer Armlänge von einer Million km realisieren (ab 2034). Mit dem LISA-Pathfinder hat die ESA schon gezeigt, dass die Verwirklichung eines solchen Weltraumteleskops technisch machbar ist.

Eine wirkliche Herausforderung wäre, die Gravitationswellen aus den allerersten Bruchteilen von Sekunden nach dem Urknall zu messen, als sich die Struktur des Universums aus dem Quantennebel herausbildete. Das würde aber eine ähnliche Schwierigkeit wie die Messung der primordialen Neutrinos darstellen.

**Zusammenfassung der Kap. 2 bis 6**

Bei den Teilchen, die aus dem Weltraum auf die Erde einfallen, handelt es sich um geladene Teilchen (Kerne und Elektronen), neutrale Teilchen (Neutrinos) und elektromagnetische Strahlung in verschiedenen Spektralbereichen (Gamma- und Röntgenstrahlung). Alle diese Boten aus der Milchstraße und anderen Galaxien liefern unterschiedliche Informationen. Mit geladenen Teilchen kann man etwas über die chemische Zusammensetzung der primären kosmischen Strahlung lernen. Gamma- und Röntgenstrahlung erlauben eine Identifizierung der Quellen im Hochenergiebereich, wobei man aber wegen der Absorptionseffekte im Wesentlichen nur die Oberflächen der kosmischen Quellen erforschen kann. Mit Neutrinos kann man aber in das Innere der Quellen hineinsehen, allerdings auf Kosten des schwierigen Nachweises der Neutrinos, wofür man deshalb sehr große Detektoren benötigt. Für die fernere Zukunft wäre es auch interessant, mit Gravitationswellen Astronomie zu betreiben. Aber das ist noch ein langer Weg, auch wenn man Gravitationswellen erstmals 2015 bei der Verschmelzung zweier Schwarzer Löcher in einem Binärsystem nachgewiesen hat.

# 7 Kosmologie

> *Soweit sich die Gesetze der Mathematik auf die Wirklichkeit beziehen, sind sie nicht sicher; soweit sie sicher sind, beziehen sie sich nicht auf die Wirklichkeit.*
>
> Albert Einstein 1921

Als Einstein 1915/1916 seine Allgemeine Relativitätstheorie formulierte, war man der Meinung, dass das Universum stationär sei. Seine Feldgleichungen sagten aber ein dynamisches Universum voraus, und ähnlich wie Newton schon vermutete, könnte die anziehende Gravitation ein Verklumpen des Universums zur Folge haben. Um dem entgegenzuwirken, führte Einstein die kosmologische Konstante in seine Feldgleichungen ein, die einer abstoßenden Gravitation entsprach. Mit der Entdeckung der Expansion des Universums durch Hubble (1929) wäre die kosmologische Konstante eigentlich überflüssig geworden, allerdings zeigen die Beobachtungen weit entfernter Supernovae aus den 90er-Jahren des letzten Jahrhunderts, dass das Universum offenbar seit ein paar Milliarden Jahren wieder Gas gibt. Diese beschleunigte Expansion wird am besten durch eine abstoßende Gravitation beschrieben, die durch die sogenannte Dunkle Energie realisiert ist.

Mit diesen Zutaten kann die erweiterte Friedmann-Gleichung das dynamische Verhalten des Universums recht gut beschreiben. Die detaillierte Modellierung der primordialen Nukleosynthese gelingt im Standard-Urknallmodell sehr gut. Die berechneten Elementhäufigkeiten der Elemente Wasserstoff, Helium, Lithium und Beryllium stimmen hervorragend mit den experimentell ermittelten Werten überein.

Allerdings hängt die zeitliche Entwicklung des Universums von der gesamten Energie-/Materiedichte des Universums entscheidend ab. Diese Entwicklung des Universums lässt sich beschreiben, wenn man den auf die kritische Materiedichte normierten Energiegehalt mit den Parametern der normierten Massendichte $\Omega_\mathrm{m}$



C. Grupen, *Neutrinos, Dunkle Materie und Co.*, essentials,
https://doi.org/10.1007/978-3-658-24826-0_7

bzw. der entsprechenden Vakuumenergiedichte $\Omega_V$ darstellt (s. Abb. 7.1). Die kritische Materiedichte entspricht dabei einem flachen Universum (d. h. $\Omega_{\text{Gesamt}} = 1$).

Die aus den Daten der Satelliten COBE, WMAP und Planck abgeleiteten Werte der Parameter favorisieren ein expandierendes Universum mit den Anteilen einer sichtbaren Materiedichte von nur etwa knapp 5 % und dominanten Anteilen von Dunkler Materie (27 %) und Dunkler Energie (68 %). Falls sich diese Werte als richtig herausstellen, und daran besteht im Moment kein Zweifel, dann wird das Universum ewig, und zwar beschleunigt expandieren (*rote Kurve* in Abb. 7.1). Dadurch werden auf Dauer alle Strukturen durch die mit dem Volumen anwachsende Dunkle Energie zerrissen werden (‚Big Rip‘).

Die Satelliten COBE, WMAP und Planck haben die kosmische Schwarzkörperstrahlung sehr exakt gemessen, die mit einer mittleren Temperatur von etwa 2,7 K übereinstimmt. Aus den räumlichen Schwankungen dieser Temperatur, die als Saat für die Galaxienbildung wirken, sind wichtige kosmologische Parameter abgeleitet

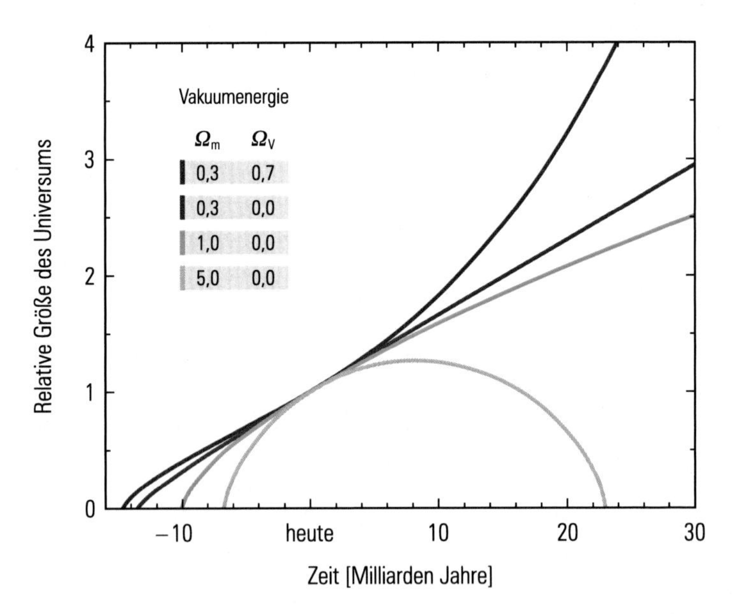


**Abb. 7.1** Darstellung der relativen Größe des Universums als Funktion der Zeit für verschiedene Annahmen über seinen Energiegehalt. (Bildnachweis: NASA Official: Wollack, E. J., NASA/WMAP Science Team (2015), *The Physics of the Universe,* https://www.physicsoftheuniverse.com/topics_bigbang_accelerating.html, zugegriffen am 01.09.2018; http://map.gsfc.nasa.gov/media/990350/990350s.jpg, zugegriffen am 01.09.2018)

worden. Nach den neuesten Auswertungen der Planck-Daten beträgt etwa das Alter des Universums 13,8 Mrd. Jahre. Die genaue Bestimmung der Hubble-Konstanten, die die Expansion des Universums und damit auch das Weltalter beschreibt, ist gegenwärtig ein heiß diskutierter Forschungsgegenstand. Unterschiedliche Messungen ergeben geringfügig abweichende Werte auf dem Niveau von drei Standardabweichungen.

Die Ergebnisse zur Dunklen Materie und Dunklen Energie sind für die Kosmologie ein großes Rätsel. Dass die Dynamik der Sterne in Galaxien und die Dynamik der Galaxien mit der normalen Materie nicht vereinbar sei, hatte schon Fritz Zwicky in den 30er-Jahren des letzten Jahrhunderts vermutet. Die gemessenen Rotationskurven von Sternen in Galaxien lassen sich allein durch Kepler-Bewegungen nicht beschreiben, wenn man annimmt, dass im Zentrum einer Galaxie jeweils ein massives Schwarzes Loch residiert (s. Abb. 7.2).

Zwar ist unbekannt, woraus diese nur über Gravitation wechselwirkende Materie besteht, aber man kann sie immerhin über ihren Effekt der Gravitationslinsenwirkung lokalisieren. Die direkte Suche nach Teilchen der Dunklen Materie war allerdings bisher enttäuschend erfolglos. Bezüglich der Dunklen Energie tappt man aber komplett im Dunkeln.

Nach dieser unbefriedigenden Situation über die mangelnde Kenntnis des Energiegehalts des Universums muss eine weitere Frage bezüglich der Entwicklung des Universums gelöst werden. Es sieht so aus, als wenn die großräumige Struktur des Universums durch Homogenität und Isotropie gekennzeichnet ist. Allerdings scheint die Struktur des frühen Universums eher durch eine gewisse Klumpigkeit gegeben zu sein. Wodurch ist das Universum zu einem so verhältnismäßig glatten Zustand übergegangen? Die gängige Antwort auf diese Frage ist das Modell der inflatioären Expansion. Es scheint so, dass sich das Universum in der Inflationsphase von etwa $10^{-38}$ bis $10^{-36}$ s nach dem Urknall um den riesigen Faktor von $e^{100}$ ausgedehnt hat und damit sämtliche Unebenheiten ‚ausgebügelt' hat. Das Modell der Inflation löst damit das Flachheitsproblem (d. h., dass $\Omega_{\text{Gesamt}} = 1$ ist), es beantwortet die Frage, warum das Universum überall die gleiche Temperatur hat, und die Frage, warum magnetische Monopole, wenn es sie denn jemals gegeben hat, so unendlich verdünnt wurden, sodass man keinen einzigen mehr findet.

Ein entscheidender Test der Inflation wäre der Nachweis der von ihr vorhergesagten Existenz von Gravitationswellen als Folge des Urknalls, die sozusagen eine fossile Evidenz für den Urknall darstellen würde. Dieser Nachweis ist aber außerordentlich schwierig.

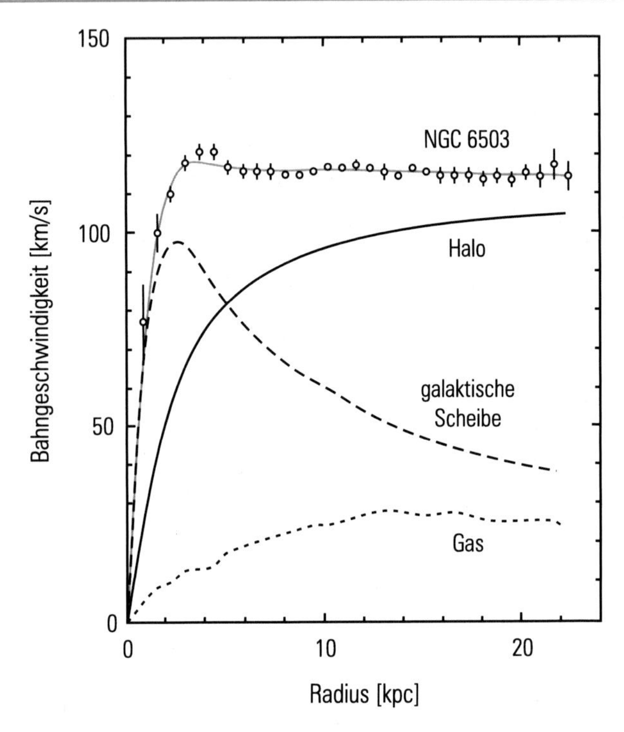


**Abb. 7.2** Rotationskurven der Spiralgalaxie NGC 6503. Die Beiträge der galaktischen Scheibe, des Gases und des Halos sind *getrennt gekennzeichnet.* (Bildnachweis: Freese, K. (2009), EAS Publ. Ser. **36,** Sn 113–126, *Review of Observational Evidence for Dark Matter in the Universe and in upcoming searches for Dark Stars;* arXiv:0812.4005 [astro-ph]; https://arxiv.org/pdf/0812.4005.pdf, zugegriffen am 01.09.2018. http://www-personal.umich.edu/~ktfreese/, zugegriffen am 01.09.2018)

Es gibt also noch keine experimentelle Bestätigung für das Modell des inflationären Universums, aber es scheint im Moment das einzige Modell zu sein, das den schwierigen Übergang vom frühen Universum zu dem, was wir gegenwärtig vorfinden, richtig beschreibt. Es muss allerdings darauf hingewiesen werden, dass es kein eindeutiges Modell des inflationären Universums gibt. Es gibt tatsächlich eine Vielfalt von verschiedenen Konzepten der Inflation, zwischen denen man vielleicht experimentell unterscheiden kann.

Ein bisher ebenfalls noch offenes Problem ist die unerwartete Dominanz der Materie über die Antimaterie, die im Standardmodell der Elementarteilchen nicht erklärt werden kann. Zwar kommen Verletzungen der Ladungs- und Paritätserhaltung im Standardmodell vor, aber ihre Größe reicht nicht aus, um das Problem zu lösen. Andrei Sacharow formulierte 1967 drei notwendige Bedingungen für eine dynamische Erzeugung der Baryonasymmetrie im Universum während der Baryogenese:

1. Verletzung der Baryonenzahlerhaltung
2. Verletzung von $C$- und $CP$-Invarianz
3. Thermodynamisches Nichtgleichgewicht

In allen experimentellen Untersuchungen der Teilchenphysik scheint aber die Baryonenzahl erhalten zu sein. Die dritte Bedingung benötigt man, um ungleiche Besetzungsdichten für Materie- und Antimaterieteilchen zu erhalten. Wie eine solche Theorie, die die Sacharow-Bedingungen erfüllt, aussehen soll, ist aber völlig unklar.

Man findet zwar Antiteilchen in der Astroteilchenphysik, aber in den meisten Fällen ist deren Rate mit sekundärer Produktion erklärbar. Eine Ausnahme ist aber zurzeit noch der unerwartet hohe Anteil von Positronen im Energiebereich zwischen 10 und 1000 GeV in der primären kosmischen Strahlung. Zwar könnten auch Pulsare für diesen Überschuss verantwortlich sein, aber die Frage ist zurzeit offen. Im Moment müssen wir die Baryonendichte des Universums oder das Baryon-zu-Photon-Verhältnis aus der Beobachtung als freie Parameter übernehmen, um Modelle des Universums zu verstehen.

**Zusammenfassung**

Die Kosmologie behandelt die Lösungen der Einsteinschen Feldgleichungen und versucht, die Entwicklung unseres Universums zu beschreiben. Die Friedmann-Gleichung kann das Verhalten des Universums hinreichend gut wiedergeben. Die Entstehung der leichten Elemente in den ersten drei Minuten nach dem Urknall wird in der primordialen Nukleosynthese gut beschrieben. Sie stellt eine starke Stütze des klassischen Urknallmodells dar. Eine Möglichkeit, Schwierigkeiten der Entwicklung des frühen Universums bis in den gegenwärtigen Zustand korrekt zu beschreiben, ist durch das Modell der Inflation gegeben. Offene Fragen in der Kosmologie und Kosmogonie gibt es aber genug. Das Verständnis des Materiegehalts des Universums (Dunkle Materie, Dunkle Energie) und die Materiedominanz sind u. a. zwei Fragenkomplexe, die sich einer Erklärung im Standardmodell der Teilchenphysik entziehen.

# 8 Astrobiologie

> *Ich glaube an Extraterrestriker. Ich denke, die Menschheit ist zu selbstsüchtig, wenn sie glaubt, dass wir die einzigen Lebensformen im Universum sind.*
>
> Demi Lovato

Im tiefgefrorenen Permafrostboden in Sibirien hat man beim Auftauen kryobiotisch konservierte Fadenwürmer (Nematoden) gefunden, die sich seit der letzten Eiszeit nicht mehr gerührt haben. Nach 40 000 Jahren haben sie zum ersten Mal wieder eine Mahlzeit eingenommen und haben weitergelebt!

In einem Salzkristall aus alten Gesteinsschichten bei Carlsbad in New Mexico fand man in einer mit Salzlake gefüllten Blase einen Bazillus, der wieder anfing zu leben, nachdem man ihn in eine Nährlösung gelegt hatte. Der Bazillus war 250 Mio. Jahre inaktiv. Er könnte ohne weiteres eine Reise aus der Andromeda-Galaxie überleben.

Bestimmte Mikroorganismen können extrem hohe Dosen ionisierender Strahlung überstehen. Das Bakterium Deinococcus Radiodurans kann Strahlendosen bis zu etwa 20 000 Sv überleben (für den Menschen sind schon 4,5 Sv tödlich). Deinococcus Radiophilus bevorzugt sogar eine hohe Bestrahlung und kann Strahlenschäden mit bis zu 10 000 Brüchen seiner DNS (engl.: DNA) ausheilen.

Mit der Entdeckung extrasolarer Planeten seit 1995 hat diese Disziplin stark an Interesse gewonnen. Mithilfe neuer Beobachtungsmethoden und moderner Satellitentechnik wurden in den letzten Jahren immer mehr Planeten in anderen Sonnensystemen entdeckt. Inzwischen sind über Viertausend Exoplaneten bekannt, von denen über 100 als habitabel gelten. Es scheint so, dass jeder Stern auch mehrere Planeten hat. Also muss man mit etwa 100 Mrd. Planeten allein in unserer Milchstraße rechnen.



C. Grupen, *Neutrinos, Dunkle Materie und Co.*, essentials,
https://doi.org/10.1007/978-3-658-24826-0_8

Das Problem einer möglichen Kontaktaufnahme besteht in den großen, fast unüberwindbaren Entfernungen und der möglicherweise beschränkten Lebensdauer von Zivilisationen. Leben, wie wir es kennen, scheint überall dort zu gedeihen, wo die chemischen Voraussetzungen gegeben sind. Es sind genügend viele Beispiele für Lebensformen bekannt, die unter extremen Bedingungen leben können und lange Zeiten einen Zustand ohne Stoffwechsel und Sauerstoff und Wasser überstehen können. Mit solchen kryptobiotischen Lebensformen muss die Definition über Leben und Tod neu überdacht werden.

Um Leben auf Planeten entstehen zu lassen, muss allerdings eine Reihe astrophysikalischer und elementarteilchenphysikalischer Bedingungen erfüllt werden, die aber in unserer Milchstraße und wohl auch in anderen Galaxien gegeben sind. Einige dieser Parameter lassen sich mit erdgebundenen Beschleunigern überprüfen, aber andere relevante Größen, insbesondere das Verhalten kosmischer Teilchen bei den allerhöchsten Energien oder Prozesse, die Informationen zur Dunklen Materie oder Dunklen Energie beitragen können, fallen in die Domäne der Astroteilchenphysik. Über Leben in anderen Universen lassen sich aber weder mit Beschleunigern noch mit Astroteilchen Aussagen machen.

Astrophysikalisch relevante Parameter sind etwa die Werte der Quarkmassen. Weiterhin gehören dazu der genaue Wert der Kopplung der starken Wechselwirkung, der $\Omega$-Parameter, also der Dichteparameter, der das Expansionsverhalten des Universums bestimmt, die kosmologische Konstante $\Lambda$ und die Zahl der Raumdimensionen.

Unser Universum könnte zufälligerweise das Ergebnis eines Auswahlprozesses aus der Vielzahl möglicher Universen in einem Multiversum sein. Es ist durchaus denkbar, dass es eine große Vielfalt an physikalischen Gesetzen in anderen Universen gibt. Nur in solchen Universen, in denen die Entstehung und Entwicklung von Leben möglich ist, können Fragen gestellt werden, warum die Parameter solche speziellen, lebensermöglichenden Eigenschaften haben. Als Konsequenz dieses anthropischen Prinzips folgt, dass es nicht geheimnisvoll ist, dass wir so spezielle Werte in unserem Universum vorfinden. Es könnte gerade so sein, dass wir zufällig in einem Universum leben, in dem die Entwicklung von Leben möglich ist.

## Zusammenfassung

Es gibt viele Spekulationen über extraterrestrisches Leben. Da in Kometen und Meteoriten Kohlenwasserstoffverbindungen gefunden wurden, wird es für wahrscheinlich gehalten, dass es Lebensformen gibt, die unter Weltraumbedingungen existieren und lange überleben können. Wenn diese Lebensformen Planeten besiedeln und günstige chemische Bedingungen vorfinden, ist die Evolution zu höherem Leben möglich. Es müssen allerdings viele astrophysikalische Randbedingungen für eine solche Evolution erfüllt sein. Wenn man aber bedenkt, dass es etwa $10^{22}$ Sterne in unserem Universum gibt und praktisch jeder Stern Planeten hat, dann reicht schon eine Wahrscheinlichkeit von $10^{-16}$ aus, um millionenfaches Leben entstehen zu lassen.

Viele Religionen sind von der Einzigartigkeit des Lebens auf der Erde überzeugt. Diese Annahme könnte sich aber ebenso als Irrtum herausstellen wie die im klassischen Altertum vorherrschende Meinung, dass die Erde der Mittelpunkt des Universums sei.

# 9 Ausblick

*Mein Ziel ist einfach. Es ist das vollständige Verständnis des Universums: warum es so ist, wie es ist und warum es überhaupt existiert.*

Stephen Hawking

Gerade in letzter Zeit gibt es viele Fortschritte in der Astroteilchenphysik: Entdeckung der Gravitationswellen und Messung extragalaktischer Neutrinos. Aber es gibt auch zahlreiche, schwerwiegende Probleme, für die im Moment noch keine Lösungen in Sicht sind. Im Folgenden sind ein paar astrophysikalische Hausaufgaben für die Zukunft aufgeführt:

- Die Quantenmechanik und die Allgemeine Relativitätstheorie sind in ihren Anwendungsbereichen glänzend bestätigt, aber diese grandiosen Theorien lassen sich nicht im Rahmen einer einheitlichen Beschreibung darstellen. Sind die Stringtheorien oder die Quantenschleifen-Gravitation eine Lösung?
- Der dominante Inhalt des Universums scheint die Dunkle Energie zu sein. Wir haben überhaupt keinen Hinweis, worum es sich dabei handeln könnte.
- Daneben brauchen wir die Dunkle Materie. Wir wissen ungefähr, wo sie ist, und es gibt auch Vermutungen und Ansätze, woraus sie bestehen könnte (supersymmetrische Teilchen, schwere Neutrinos, …?), aber es gibt noch keine Klarheit.
- Wie schaffen es die kosmischen Beschleuniger, Teilchen auf $10^{20}$ eV zu beschleunigen? Und wo befinden sich diese Beschleuniger?
- Die Theorie der Inflation kann viele kosmologische Rätsel erklären. Es gibt aber noch keinen entscheidenden experimentellen Test, der sie bestätigt. Gibt es Alternativen zur Inflation?



C. Grupen, *Neutrinos, Dunkle Materie und Co.*, essentials,
https://doi.org/10.1007/978-3-658-24826-0_9

- Wie kann man das Rätsel des Materie-Antimaterie-Ungleichgewichts verstehen? Liegt die Lösung dazu in der Elementarteilchenphysik?
- Im Neutrinosektor ist inzwischen zwar vieles verstanden, aber auch noch einiges unklar. Sind Neutrinos wirklich Dirac- oder Majorana-Teilchen und gibt es sterile Neutrinos? Wie lassen sich die primordialen Neutrinos nachweisen? Wie kommen die Neutrinos zu ihren Massen?

Zur Lösung all dieser Probleme ist sicher ein weit gefasstes Beschleunigerprogramm und ein Multi-Messenger-Ansatz in der Astroteilchenphysik notwendig.

# Was Sie aus diesem *essential* mitnehmen können

Mitnehmen können Sie Kenntnisse zu folgenden Themen:

- Grundlagen über kosmische Strahlung
- Nachweis von Astroteilchen
- Neutrinowechselwirkungen
- Dunkle Materie und Dunkle Energie
- Gravitationswellen
- Kosmische Antimaterie
- Kosmologie
- Extraterrestrische Planeten und Astrobiologie



C. Grupen, *Neutrinos, Dunkle Materie und Co.*, essentials,
https://doi.org/10.1007/978-3-658-24826-0

# Literatur

De Angelis A, Pimenta M (2018) Introduction to particle and astroparticle physics: multi-messenger astronomy and its particle physics foundations, 2. Aufl. Springer, Heidelberg

Gaisser TK, Engel R, Resconi E (2016) Cosmic rays and particle physics, 2. Aufl. Cambridge University Press, Cambridge

Grupen C (2018) Einstieg in die Astroteilchenphysik, 2. Aufl. Springer, Heidelberg

Klapdor-Kleingrothaus HV, Zuber K (1999) Particle astrophysics (studies in high energy physics, cosmology, and gravitation). Institute of Physics Publishing, Bristol

Lesch, H, Gaßner J (2017) Urknall, Weltall und das Leben, 4. Aufl. Komplett-Media, Grünwald

Peacock JA (1999) Cosmological physics. Cambridge University Press, Cambridge

Spurio M (2015) Particles and astrophysics: a multi-messenger approach. Springer, Heidelberg



C. Grupen, *Neutrinos, Dunkle Materie und Co.*, essentials,
https://doi.org/10.1007/978-3-658-24826-0

Printed in the United States
By Bookmasters